ニュートン超図解新書

最強に面白い

人体と細胞

はじめに

　一説によると，ヒトの成人の体には，およそ37兆個の細胞があるといいます。自分の体が，37兆個もの細胞が集まったものだなんて，おどろきませんか？　夜に寝ているときも，朝に起きて出かけるときも，私たちは37兆個の細胞のかたまりなのです。

　しかも37兆個の細胞は，どれも同じというわけではありません。ヒトの体の細胞は，数百種類に分類できるといわれています。皮膚で刺激を感じとる細胞，胃で塩酸を噴きだす細胞，伸び縮みする筋肉の細胞，目で光をとらえる細胞……。体のことなる場所にあるさまざまな細胞が，それぞれの役割を果たすことで，私たちの命は支えられているのです。

本書は，人体で活躍する個性豊かな細胞たちについて，ゼロから学べる1冊です。"最強に"面白い話題をたくさんそろえましたので，どなたでも楽しく読み進めることができます。人体と細胞の世界を，どうぞお楽しみください！

ニュートン超図解新書
最強に面白い
人体と細胞

第1章
ヒトの細胞の基本構造

1. 細胞は生物の基本単位
   大きさも形もいろいろ！… 14

2. 17世紀，フックがはじめて細胞を発見した… 18

3. 19世紀，生物が細胞でできている
   という説が誕生… 21

コラム 博士！教えて!! 単細胞って何ですか？… 24

4. これが細胞の構造！
   中に小さな器官がある… 26

5. 核には，DNAがぎゅうぎゅうに
   つめこまれている… 30

6 小胞体は，合成されたタンパク質を
袋づめして発送… 33

7 これこっち！
タンパク質の物流センター，ゴルジ体… 36

8 細胞膜は，物質の出入りを厳重管理。
通ってよし… 40

9 細胞のエネルギー源合成工場，
ミトコンドリア… 44

10 細胞の中は，
リボソームやタンパク質などで密！… 47

コラム 最初の細胞は謎… 50

11 1953年，DNAのらせん構造が解明された… 52

12 DNAの情報を元に，
タンパク質が合成される… 56

13 細胞が足りない。分裂してふえよう… 60

14 細胞の死には，
事故死と自殺の2種類がある… 63

コラム 博士！教えて!! 細胞の寿命はどのくらい？… 66

4コマ 物理，建築の分野でも才能を発揮… 68

4コマ ニュートンとの論争……？… 69

第2章
人体の多種多様な細胞たち

1 たった一つの受精卵が,
いろいろな細胞へ変化する… 72

2 アチ！ 皮膚には,
刺激を感じとる細胞がある… 76

3 気管の細胞は,
まるで海底のイソギンチャク… 80

4 水滴厳禁。肺胞の細胞は,
洗剤に似た物質を出す… 83

コラム 人体の細胞は37兆個… 86

5 塩酸を噴きだす無数の間欠泉。胃の細胞… 88

6 びっしり。小腸の細胞は,
1000本の毛をもつ… 91

7 肝臓の毛細血管には,
落とし穴があいている… 94

8 インスリンをつくるのは,
膵臓の小島にある細胞… 97

9 タコ！ 腎臓の毛細血管にからみつく細胞… 100

10 精巣の群衆細胞，卵巣の女王さま細胞 … 104

11 目の網膜には，
色担当細胞と明暗担当細胞がある… 108

12 ブルブル。耳にある細胞の毛が，
音をとらえる… 112

コラム 博士！教えて!!
大きい人は，細胞が大きい？… 116

13 伸び縮みする筋肉もまた，
細胞でできている… 118

14 骨に埋まる細胞，つくる細胞，
そしてこわす細胞… 121

15 骨髄の1種類の細胞からできる！
血液の細胞… 124

16 脾臓は，すのこのような血管で血液をこす… 128

17 異物は先に行かせない。
リンパ節の免疫細胞… 132

18 脳には，1000億個もの神経細胞がある… 136

19 あちこちにある，ホルモンをつくる細胞… 140

20 細胞がなくならないのは，
幹細胞があるから… 144

4コマ 弁護士から植物学者へ… 148

4コマ 動物がきっかけの大発見… 149

第3章
細胞の老化とがん化

1 活性酸素は，細胞の老化の原因になる … 152

2 がん細胞は，いくらでも分裂できる… 155

3 細胞のDNAに傷がたまると，がんになる… 158

4 がんにも，がん幹細胞がある… 161

コラム iPS細胞 … 164

4コマ 2人の出会い… 166

4コマ 2年間だけの共同研究… 167

第4章
よそもの細胞, 常在菌

1 人体には, 数十兆個もの細菌がすんでいる… 170

2 病原菌をブロック！
皮膚の常在菌が肌を弱酸性に… 174

3 病原菌にアタック！
小腸の常在菌が免疫細胞と協力… 177

4 大腸の常在菌は,
食物繊維の一部を分解してくれる… 180

5 大腸の常在菌は, 炭水化物を分解して
大腸内を酸性に… 183

コラム 博士！教えて!!
培養肉って何ですか？… 186

6 大腸の常在菌は, 炎症もおさえてくれる… 188

7 大腸の常在菌は, 肥満もおさえてくれる… 191

さくいん… 194

【本書の主な登場人物】

ロバート・フック
(1635 ～ 1703)
イギリスの科学者。顕微鏡でコルクの切片を観察し、発見した無数の穴を「cell（細胞）」と名づけた。

マンボウ

中学生

第1章

ヒトの細胞の
基本構造

ヒトをはじめ，地球にすむあらゆる生物の体は，「細胞」からできています。細胞には，生物が生きるうえで共通の基本原理が秘められています。第1章では，ヒトの細胞の基本構造と機能について，みていきましょう。

1 細胞は生物の基本単位 大きさも形もいろいろ！

膜でおおわれた構造と，内部に遺伝情報をもつ

あらゆる生物の基本単位は，細胞です。細胞には，大きさや形，機能など，さまざまなタイプのものが存在します。

すべての細胞に共通するのは，膜（細胞膜）でおおわれた構造と，その内部に遺伝情報（DNA，デオキシリボ核酸）をもっているということです。つまり，この地球上にいる生物は，すべて「DNA生物」といえるのです。

細菌のように一つの細胞が一つの個体として生きている生物を「単細胞生物」といい，ヒトのように多数の細胞が集まって一つの個体をつくるものを「多細胞生物」といいます。

14

第1章　ヒトの細胞の基本構造

ダチョウの卵黄は，直径約10センチ

ヒトの細胞は，その種類にもよりますが，大きさはおおむね0.02ミリメートル程度，または，20マイクロメートル(マイクロは100万分の1)です。

一方，世の中には，非常に大きな細胞もあります。たとえばダチョウの卵は，精子と出会っていない未受精卵の段階では，一つの細胞である卵黄の直径が約10センチメートルもあります。ヒトの卵子は，直径約0.14ミリメートルで，ヒトの細胞の中では大きいです。

この世で最も小さな細胞は，マイコプラズマという原始的な細菌で，その直径はわずか0.00025ミリメートルです。

ヒト1人の細胞の数はおよそ37兆個にもなるといい，これらを1列に並べると，74万キロメートルにもなるのだ。

1 さまざまな姿の細胞

形や大きさがことなる，多種多様な細胞をえがきました。いずれの細胞も，膜におおわれ，内部に遺伝情報（DNA）をもっています。

大腸菌
哺乳類や鳥類の大腸に多い単細胞生物。

乳酸菌
単細胞生物。乳酸をつくる細菌の総称。

ゾウリムシ
水中で生活する単細胞生物。

アメーバ
水中や土壌中で生活する単細胞生物。

プルキンエ細胞
多細胞生物の脳の神経細胞の一種。

ミカヅキモ
水中で生活する単細胞生物。

リンパ球
多細胞生物を構成する白血球の一種。

線維芽細胞
多細胞生物を構成する皮膚の細胞の一種。

好中球
多細胞生物を構成する白血球の一種。

第1章 ヒトの細胞の基本構造

ボルボックス
単細胞生物のような性質をもった細胞が集団となり,群体として生きている藻類の一種。

ニューロン
多細胞生物の脳の神経細胞。

赤血球
多細胞生物の血液の細胞の一種。

タマネギ（表皮細胞）
多細胞生物であるタマネギの表皮細胞。

細胞の境界　核の断面

血管内皮細胞
多細胞生物の血管をつくる。

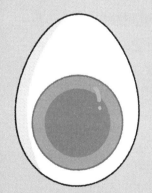

ダチョウの卵（未受精卵）
精子と出会っていない未受精卵の段階では,卵黄の部分が一つの細胞である。

筋線維

筋線維
多細胞生物の筋肉を構成する細胞。

17

2 17世紀，フックがはじめて細胞を発見した

顕微鏡を組みたて，生物や鉱物などを観察

　人類と細胞との出会いは，17世紀です。イギリスの科学者のロバート・フック（1635～1703）は，イギリスの科学学会である「王立協会」で，実験装置を管理する職についていました。フックは，倍率30倍ほどの顕微鏡をみずから組みたて，カビやノミといった生物や鉱物などを観察しました。そして1665年に，『ミクログラフィア』という本にまとめて出版しました。

第1章 ヒトの細胞の基本構造

2 フックが見た細胞

顕微鏡をのぞいているフックと,フックがえがいたコルクの細胞のスケッチを再現しました。

フックによる細胞のスケッチ

左はコルクの枝を切断した断面のスケッチ,右はコルクの枝を縦に割った断面のスケッチです。

フックが使った顕微鏡

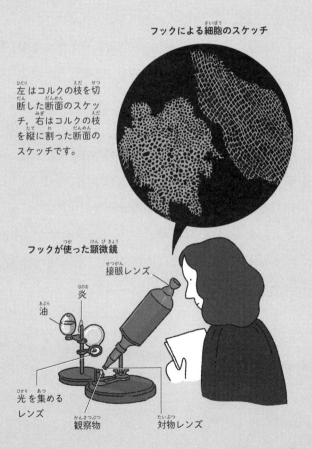

接眼レンズ
炎
油
光を集めるレンズ
観察物
対物レンズ

コルクの断面の穴を，「cell」と名づけた

　フックは本の中で，コルクの切片を観察したようすを報告しています。そのスケッチには，コルクの断面に無数の穴があいているようすがえがかれています。フックはこの穴を，ラテン語で「小部屋」を意味する「cellua」にちなんで，「cell」と名づけました。

　<mark>フックが見たのは，コルクの細胞（実際には死んで中身がなくなった細胞壁）でした。</mark>「cell」という言葉は今日では，細胞の意味で使われています。ただしフックは，細胞がすべての生物に共通する基本単位であることには，気づかなかったようです。

フックが使った顕微鏡は，接眼レンズと対物レンズを組み合わせたもので，油を燃やして照明にし，その光をレンズで集めて観察物を照らしたんだボウ。

第1章　ヒトの細胞の基本構造

3 19世紀，生物が細胞で できているという説が誕生

どの細胞にも， 不透明な斑点が1個ある

　19世紀のはじめ，顕微鏡の性能が大幅に向上すると，より多くの生物の体を，よりくわしく観察することが可能になりました。

　たとえば，イギリスの植物学者のロバート・ブラウン（1773～1858）は，観察したどの細胞にも不透明な斑点が1個ずつ存在することに気づき，1831年に発表しました。ブラウンが見たのは，「核」でした。

すべての生物は、細胞を基本単位とする

ドイツの植物学者のマティアス・シュライデン（1804〜1881）は、植物についての研究を1838年にまとめました。一方、ドイツの生理学者のテオドール・シュワン（1810〜1882）は、動物についての研究を1839年にまとめました。そして2人は、すべての生物は細胞を基本単位としてできていると主張しました。「細胞説」の誕生でした。さらに1858年には、ドイツの病理学者のルドルフ・フィルヒョー（1821〜1902）が、細胞は細胞分裂によって形成されると主張しました。

今は、細胞は「細胞分裂」でふえることがわかっているけど、シュライデンとシュワンは、細胞の中で核が成長して、新しい細胞になると考えていたそうだよ。

第1章 ヒトの細胞の基本構造

3 細胞説を提唱した2人

細胞説を提唱したシュライデンとシュワンと，それぞれがえがいた細胞のスケッチを再現しました。

マティアス・シュライデン
（1804 〜 1881）
ドイツの植物学者。1838年に『植物発生論』を出版して，植物を構成する基本単位は細胞であると主張しました。

テオドール・シュワン
（1810 〜 1882）
ドイツの生理学者。オタマジャクシの尾の脊椎部分を顕微鏡で観察するなどして，動物の体でも植物と同じように，その構成単位は細胞であると主張しました。

23

単細胞って何ですか？

博士，単細胞って何ですか？ 同じクラスの子が，「単細胞！」っていってました。

ふぉっふぉっふぉ。単細胞というのは，考え方が単純な人に対して使う悪口じゃよ。

どういうことですか？

ふむ。体が一つの細胞だけでできている生物のことを，単細胞生物というんじゃ。単細胞生物は，複雑なことを考えられそうにないから，悪口に使われるんじゃろ。

へぇ〜。

じゃが単細胞生物は，生きていくためのあらゆることを，たった一つの細胞で行っておる。たとえばミドリムシは，一つの細胞で光合成

24

をして栄養もつくれるし，毛を使って移動することもできる。すごいと思わんか？

すごい！ 単細胞って，ぜんぜん悪口じゃないですね！

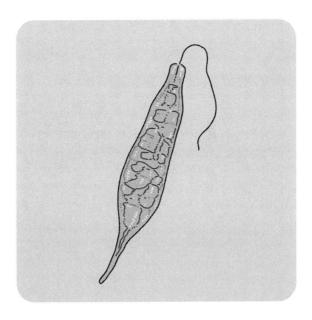

4 これが細胞の構造！中に小さな器官がある

「核」は，「遺伝情報」を保存している

　ここからは，ヒトを含む動物の細胞の構造をみていきましょう。

　細胞の内部には，さまざまな構造があります。細胞の形は千差万別であるのに対して，基本的な構造は多くの細胞で共通しています。

　「核」は，生物にとって最も重要な遺伝情報が保存されている場所です。一方，細胞の核以外の部分を「細胞質」といいます。細胞質には，「小胞体」「ゴルジ体」「ミトコンドリア」などの，さまざまな小器官があります。そしてこれらの小器官が，「細胞膜」によって包まれています。

第1章 ヒトの細胞の基本構造

ヒトの細胞のおよそ65％は，水

細胞の主な成分は，水，タンパク質，脂質，炭水化物，核酸などです。 このうち最も多いのが水で，ヒトの場合はおよそ65％を占めています。

細胞の姿は，性能の高い光学顕微鏡や電子顕微鏡，あるいは半透明な小器官を見えやすくする染色技術が発達したからこそ，えがけるものです。次のページからは，細胞内の各小器官について，その構造と機能をくわしくみていきましょう。

細胞全体の大きさはさまざまだが，ヒトの場合，数十マイクロメートル（マイクロは100万分の1）のものが多いのだ。

4 動物細胞

動物細胞に共通する構造のうち，
基本的なものをえがきました。

小胞体
細胞の中で合成された物質の
輸送にかかわります。

ミトコンドリア
生命活動に必要なエネルギー源
である「ATP」をつくります。

核
核膜に包まれ，遺伝情報
が記録された「DNA」が
収納されています。

細胞骨格
タンパク質でできた線維で
す。細胞の形を保ちます。

リボソーム
タンパク質の合成装置です。細胞
質マトリックスや小胞体の表面な
どにあります。

第1章　ヒトの細胞の基本構造

核小体
核の中にあり、リボソームの部品の
合成が行われています。

細胞膜
細胞を包みこむ膜です。
主に脂質の二重層ででき
ています。

ゴルジ体
細胞の中で合成された物
質を、細胞の外に運びだ
します。

分泌小胞
ゴルジ体から細胞外へと
運ばれる物質が、つめこ
まれています。

中心体
細胞分裂などで必要と
なります。

細胞質マトリックス
細胞小器官がない空間です。水で満たされ、
さまざまな物質にあふれています。

29

5 核には，DNAがぎゅうぎゅうにつめこまれている

孔を通じて，物質が出入りする

細胞の中で最も目立つ構造が，直径が数マイクロメートル（マイクロは100万分の1）ほどの，「核」です。核は，「核膜」という二重の膜でおおわれています。核膜には「核膜孔」という穴があいていて，核膜孔を通して核の内外をさまざまな物質が出入りします。

核の中には，生物の遺伝情報が記録された，「DNA（デオキシリボ核酸）」というひも状の物質があります。DNAには多数の遺伝情報が記録されており，一つ一つの遺伝情報を「遺伝子」といいます。

第1章 ヒトの細胞の基本構造

5 細胞の核

細胞の核の，基本的な構造をえがきました。

核小体
主に，タンパク質の合成装置である「リボソーム」の部品が集まっています。

DNA
遺伝情報が記録されたひも状の物質です。細胞が分裂する際には折りたたまれて，「染色体」の構造になります。

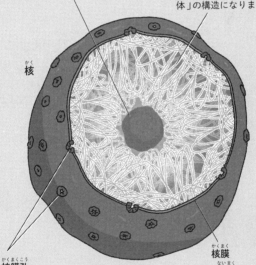

核

核膜孔
一つの核に100～1000個程度あり，直径は10ナノメートル（ナノは10億分の1）ほどです。

核膜
「内膜」と「外膜」からなる，二重の膜です。

核は，細胞の司令塔

　ヒトの場合，一つの核に，46本のDNAがつめこまれています。46本のDNAの長さを合計すると，およそ2メートルにもなります。このDNAをおさめているのが核であり，およそ2万個の遺伝子があります。

　細胞では，DNAに記録された遺伝情報をもとに，さまざまなタンパク質がつくられます。タンパク質は，生物にとって重要な物質です。そのタンパク質の合成を支配するのが遺伝子であり，核は，細胞の司令塔なのです。

こんなにぎゅうぎゅうなのに，DNAはよくからまらないよね。

第1章　ヒトの細胞の基本構造

6 小胞体は，合成された タンパク質を袋づめして発送

膜に包まれた， 平べったい層状の構造

　核のまわりには，核膜とつながった「小胞体」があります。小胞体は膜に包まれた平べったい層状の構造をしていて，これが何層も重なっています。

　小胞体は，さまざまな役割をになっています。その一つが，タンパク質を「ゴルジ体」へと送ることです。小胞体の表面には，タンパク質の合成装置である「リボソーム」が無数に散らばっています。小胞体の表面のリボソームで合成されるタンパク質は，いずれも，最終的に細胞の外に出てはたらくか，細胞膜などの膜に埋めこまれるタンパク質です。

33

輸送小胞は、ゴルジ体へと向かう

　小胞体の表面のリボソームで合成されるタンパク質は、小胞体の膜にある通路（これもタンパク質でできている）を通って、小胞体の内部の空間に取りこまれます。小胞体は、タンパク質を集めて、小胞体の膜がくびれてできる「輸送小胞」という小さな袋の中にタンパク質をつめこみます。こうしてできた輸送小胞は、小胞体からはなれて、ゴルジ体へと向かいます。

注：リボソームは、「rRNA（リボソームRNA）」と、タンパク質からなります。

タンパク質は、「アミノ酸」がたくさんつながってできた分子なんだボウ。タンパク質の合成に使われるアミノ酸は20種類で、これらがどういう順番でつながるかによって、タンパク質の種類が決まるんだボウ（56ページ参照）。

34

第1章 ヒトの細胞の基本構造

6 小胞体

小胞体をえがきました。小胞体は、表面のリボソームで合成されたタンパク質を内部に取りこみ、小胞体の膜がくびれてできる輸送小胞の中につめこみます。輸送小胞は、ゴルジ体へと運ばれます。

35

7 これこっち！ タンパク質の物流センター，ゴルジ体

ゴルジ体で，もう一度つめこまれる

　ゴルジ体は，小胞体と同じように，膜に囲まれた平べったい層状の構造をしています。**ゴルジ体の役割は，物質の流通センターのようなものです。**小胞体から運ばれてきた輸送小胞がゴルジ体に到着すると，輸送小胞がゴルジ体と融合して，輸送小胞につめこまれていたタンパク質がゴルジ体の中に運びこまれます。これらのタンパク質は，ゴルジ体でもう一度小胞につめこまれて，細胞膜へと運ばれます。

第1章 ヒトの細胞の基本構造

7 ゴルジ体

ゴルジ体をえがきました。ゴルジ体は、タンパク質を仕分けして、そのまま細胞膜へ向かわせるタンパク質は小胞につめこみ、待機させる分泌タンパク質は分泌小胞につめこみます。

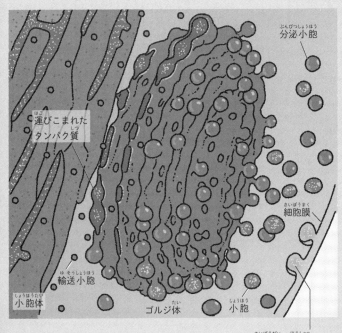

細胞膜の近くで待機する「分泌小胞」

ゴルジ体は，タンパク質を小胞につめる際に，タンパク質の仕分けを行います。

たとえば，皮膚や臓器の構造を保つ「コラーゲン」などのタンパク質は，そのまま細胞膜へ向かう小胞につめこまれます。そして小胞が細胞膜に到着すると，小胞が細胞膜と融合して，タンパク質が細胞外へと放出されます。

一方，ホルモンなどの「分泌タンパク質」は，細胞膜の近くで待機する「分泌小胞」につめこまれます。そして分泌タンパク質を放出するための刺激が来ると，分泌小胞が細胞膜と融合して，分泌タンパク質が放出されるのです。

第1章　ヒトの細胞の基本構造

memo

8 細胞膜は，物質の出入りを厳重管理，通ってよし

膜をつくっているのは，「リン脂質」

　細胞膜は，細胞の内と外を分ける膜です。細胞膜をはじめ，細胞の中にある膜をつくっているのは，「リン脂質」という物質です。

　リン脂質は，2本足のマッチ棒のような構造をしています。頭の方は水になじみやすく，足の方は水と接触するのをきらう性質があります。このため水の中でリン脂質が集まると，リン脂質が足を内側，頭を外側にして2層に並び，1枚の膜（脂質二重膜）をつくります。

第1章 ヒトの細胞の基本構造

膜には，特定の物質を通過させる装置がある

脂質二重膜の重要な性質として，イオンなどの電荷をもった物質を通過させないということがあります。物質が無秩序に出入りしたのでは，細胞は生きていけません。逆にすべての物質の通過をさまたげたとしても，やはり細胞は生きていけません。そこで細胞膜には，「イオンチャネル」や「輸送体」などの，特定の物質を通過させるための装置が埋めこまれています。

一方，細胞膜にある「受容体」は，信号伝達物質と結合することで外部からの信号を受け取って，その信号を細胞内部に伝える役割を果たしています。

イオンはタンパク質を活性化したり，細胞内外の電気的なつり合いを変化させたりと，さまざまなはたらきをもつのだ。

8 細胞膜

細胞膜の構造をえがきました。

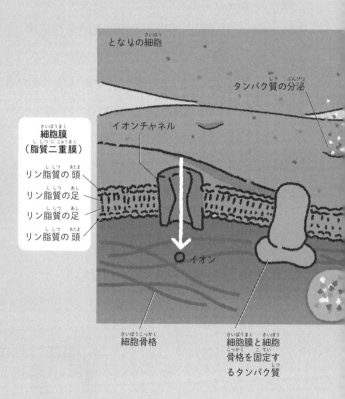

第1章 ヒトの細胞の基本構造

イオンチャネルは,刺激に応じて開閉し,特定のイオンを通過させます。輸送体は,構造を変化させて,特定の物質を通過させます。受容体は,信号伝達物質が結合すると,信号を伝えるタンパク質が,細胞内部に信号を伝えます。

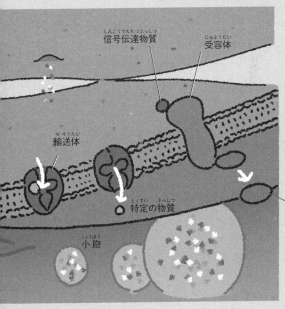

9 細胞のエネルギー源合成工場, ミトコンドリア

内側に, エネルギー源を合成するタンパク質

細胞が活動するには, エネルギーが必要です。細胞の中でそのエネルギー源（ATP：アデノシン三リン酸）をつくっているのが, ミトコンドリアです。

ミトコンドリアは,「外膜」「内膜」という二重の膜からなります。内膜が内側に深くくぼんだ層状の構造を「クリステ」, 内膜に囲まれた空間を「ミトコンドリアマトリックス」といいます。内膜には, ATPを合成するのに必要なタンパク質複合体が大量に埋めこまれています。

第1章 ヒトの細胞の基本構造

9 ミトコンドリア

ミトコンドリアの構造をえがきました。ミトコンドリアの内膜には，ATPを合成するタンパク質複合体が，大量に埋めこまれています。

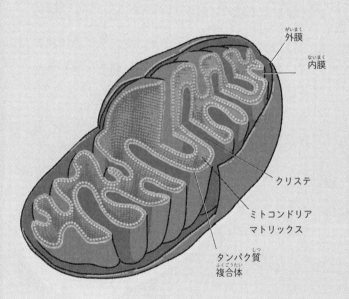

外膜
内膜
クリステ
ミトコンドリアマトリックス
タンパク質複合体

ミトコンドリアの合成するATPが，細胞のエネルギー源になるんだボウ。

タンパク質複合体が，
「ATP」を合成

　食事で得られた「グルコース（ブドウ糖）」は，細胞質マトリックスで「ピルビン酸」へと分解された後，ミトコンドリアマトリックスに運ばれます。ミトコンドリアは，ピルビン酸を分解して得た電子を使い，ミトコンドリアマトリックスの水素イオンをクリステへとくみ出します。するとクリステへくみ出された水素イオンは，内膜のタンパク質複合体の中を通過してミトコンドリアマトリックスへもどります。その際に，タンパク質複合体の一部が回転運動し，細胞のエネルギー源であるATPが合成されます。

　またこれらの過程で，酸素が使われて二酸化炭素が排出されます。

第1章　ヒトの細胞の基本構造

10 細胞の中は，リボソームや タンパク質などで密！

最も多いのは，水

　細胞を構成する小器官と小器官の間の空間のようすを，みてみましょう。**この空間は，「細胞質マトリックス」とよばれていて，さまざまな物質がつまっています。**

　細胞質マトリックスに最も多いのは，水です。ほかに目立つのは，タンパク質の合成装置であるリボソームで，そのリボソームにつくられたさまざまなタンパク質，そしてリボソームへタンパク質の設計情報を運ぶ「RNA（リボ核酸）」などの，比較的大きな分子です。

47

アミノ酸や，ピルビン酸なども

細胞質マトリックスには，比較的小さな分子もたくさん含まれています。たとえばアミノ酸はタンパク質の材料となり，グルコースは分解されてピルビン酸になった後，ミトコンドリアに運ばれてATPを合成するために使われます。

このように，細胞は，細胞質マトリックスに含まれている物質を使って，生命活動を行っているのです。

細胞質マトリックスにはほかにも，ブドウ糖や各種のイオンなども含まれているそうだよ。

第1章 ヒトの細胞の基本構造

10 細胞質マトリックス

細胞質マトリックスにみられる，比較的大きな分子をえがきました。分子の密度は，実際の細胞質マトリックスに似せてあります。

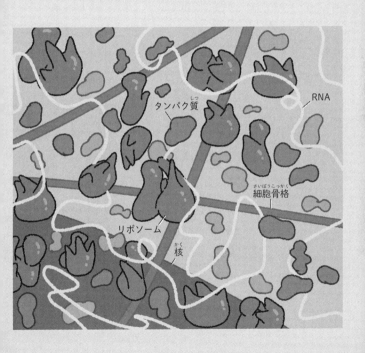

最初の細胞は謎

細胞は，分裂して数をふやします。では，地球上で最初の細胞は，いったいどのようにして誕生したのでしょうか。

実は最初の細胞が，いつどのようにして誕生したのか，はっきりしたことはわかっていません。ただ多くの研究者は，細胞が誕生するには，材料となるさまざまな分子が濃縮される必要があったと考えています。濃縮された分子が，活発に化学反応をおこすうちに，生命活動をいとなむ原始的な細胞が誕生したというのです。

細胞の材料となる分子を濃縮させたのは，「膜」だったという説があります。膜は，現在の細胞膜と同じようなリン脂質でできていたとも，タンパク質でできていたとも考えられています。一方で，分

50

子を濃縮させたのは，膜ではなく，「黄鉄鋼」などの鉱物の表面だったという説もあります。いったいどのようにしたら，物質から生命が誕生するのでしょうか。現代の科学でも，謎なのです。

11 1953年, DNAの らせん構造が解明された

解明したのは, ワトソンとクリック

タンパク質は, 生物の特徴を決定する重要な物質です。このタンパク質をつくるための設計図が, 遺伝子です。遺伝子は, ひも状の物質であるDNAに記録されています。

DNAの分子レベルの構造は, アメリカの分子生物学者のジェームズ・ワトソン(1928～)とイギリスの科学者のフランシス・クリック(1916～2004)によって, 1953年に解明されました。

第1章 ヒトの細胞の基本構造

11 DNA

DNAの構造をえがきました。DNAは,「ヒストン」というタンパク質に巻きついた,「クロマチン」という線維状の構造になって,核の中におさめられています。長いDNAがからまることがないのは,この構造のためです。

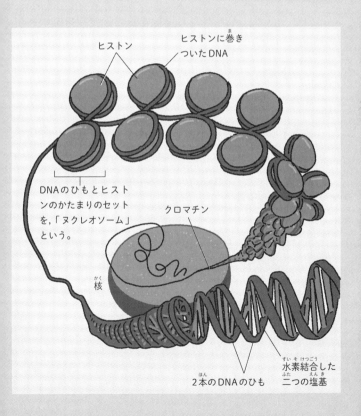

意味をもつ領域が，遺伝子

　DNAは，平行に並んだ2本のひもからなります。そして2本のひもは，平行のまま，らせんをえがいています。このひもは，「糖」と「リン酸」のセットが，くりかえし連結することでできています。

　2本のひもの糖からはそれぞれ，「塩基」という物質の突起が出ていて，塩基どうしで水素結合しています。塩基は，「アデニン」「チミン」「グアニン」「シトシン」のどれかです。一方のひもの突起がアデニンの場合，もう一方のひもの突起はかならずチミンです。一方がグアニンの場合，もう一方はかならずシトシンです。つまり1本のひもの塩基の並びが決まれば，もう1本の塩基の並びも決まります。このDNAの塩基の並びのうち，意味をもつ領域が，遺伝子です。

第1章　ヒトの細胞の基本構造

memo

12 DNAの情報を元に、タンパク質が合成される

DNAの情報をコピーした、「RNA」をつくる

タンパク質は、20種類のアミノ酸を、連続してつなげたものです。このアミノ酸の順序を決めているのが、DNAに記録されている遺伝子の塩基の並びです。DNAからタンパク質をつくるには、大きく分けて2段階の工程が必要です。

第1段階は、核の中で行われます。核の中には、「RNAポリメラーゼ」という、タンパク質（酵素）でできた装置があります。RNAポリメラーゼはDNAの塩基を鋳型にして、DNAの情報をコピーした「RNA」というひも状の分子をつくります。この工程を、「転写」といいます。

第1章 ヒトの細胞の基本構造

アミノ酸が, 設計情報どおりにつながっていく

　第2段階は, 核の外で行われます。RNAのうち, タンパク質の設計情報を運ぶものは,「mRNA（メッセンジャーRNA）」といいます。mRNAは, 核の外へ出ると, タンパク質の合成装置であるリボソームと結合します。**すると,「tRNA（トランスファーRNA）」という分子が運んでくるアミノ酸が, mRNAの設計情報どおりにつながっていきます。**この工程を,「翻訳」といいます。

mRNAは, タンパク質の設計図のコピーだが, その情報は「塩基」の配列として書かれている。つまり, タンパク質を合成するには, 塩基で書かれた配列情報をアミノ酸へと「翻訳」する必要があるのだ。

12 DNAからタンパク質へ

DNAからタンパク質が合成される過程の，第1段階（転写）と第2段階（翻訳）をえがきました。

1. DNAの情報をRNAにコピーする

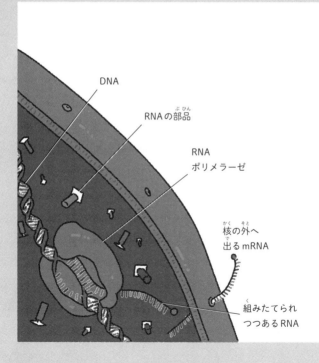

2. アミノ酸がつながってタンパク質になる

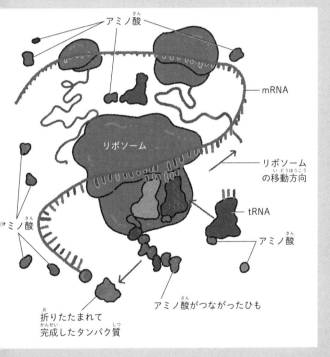

13 細胞が足りない。分裂してふえよう

体細胞の場合，分裂の前に
DNAが複製される

　細胞の寿命は永遠ではありません。単細胞生物であれば，細胞の死は個体の死を意味します。多細胞生物にとっても，細胞が死んでいけば，やがて個体の命がつきます。**このため細胞は，分裂によって増殖し，その数を維持する必要があります。**

　多細胞生物の体細胞が分裂する場合は，細胞分裂の前に，DNAが正確に2倍に複製されます。また，ヒストンや「中心体」とよばれる構造も，2倍にふえます（右のイラスト1）。ヒトの細胞はおよそ1日かけて2倍になります。

60

第1章 ヒトの細胞の基本構造

13 細胞の分裂

動物の体細胞が,分裂する過程をえがきました(1〜7)。これらの過程の途中には,チェックポイントとよばれる段階があり,作業が進んでいないうちに次の工程へと進まないように制御しています。

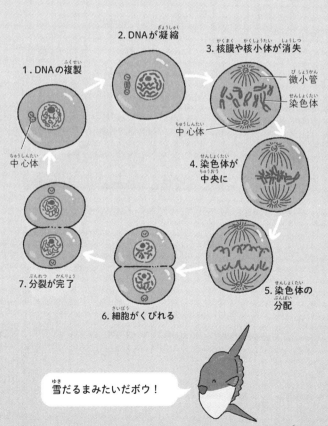

1. DNAの複製
中心体

2. DNAが凝縮

3. 核膜や核小体が消失
微小管
染色体
中心体

4. 染色体が中央に

5. 染色体の分配

6. 細胞がくびれる

7. 分裂が完了

雪だるまみたいだボウ!

細胞膜にくびれができ，
二つの細胞に分裂

　複製が完了したDNAは，凝縮して染色体の構造になります（2）。中心体は二手に分かれ，核膜や核小体が消え，染色体には中心体から伸びてきた「微小管」という線維がくっつきます（3）。そして微小管のはたらきで，染色体は細胞の中央付近に並びます（4）。

　ここで二つの中心体が外側に動くとともに，微小管が短くなり，染色体のペアをひきはなします（5）。やがて細胞膜にくびれができて，同じ遺伝情報をもつ二つの細胞へと分裂します（6〜7）。

　こうして多細胞生物の体細胞は，分裂によって増殖するのです。

第1章 ヒトの細胞の基本構造

細胞の死には,事故死と自殺の2種類がある

外因によって細胞が死ぬ「ネクローシス」

　細胞は徐々に機能低下していきますが,火傷や打撲など,突発的に強い刺激が加わると,細胞の生命活動が行えなくなります。このように,**外因によって細胞が死ぬ場合を,「ネクローシス(壊死)」といいます。**いわば,細胞の事故死です。

　ネクローシスをおこす細胞は,細胞本体をはじめ,ミトコンドリアなどの細胞小器官が膨張し,膜が破れて,細胞の中身がもれだします。そして,炎症反応を引きおこします。

不要な細胞が消える「アポトーシス」

　一方で細胞は，みずから死を選ぶ場合があります。これを，「アポトーシス」といいます。アポトーシスをおこした細胞は，細胞全体がちぢんだり，核が変形や断片化をしたりします。さらに細胞の中身が小さな袋に分かれて，不要なものを掃除する「マクロファージ」という細胞に取りこまれます。

　アポトーシスは，たとえば胎児で，手の指と指の間の不要な細胞が消える過程でみられます。また成人でも，DNAがたくさん傷ついて完全に修復ができなくなると，みずからアポトーシスをおこして死んでいきます。老化して不要になった細胞も，アポトーシスで消去されます。このような細胞死によって，生命は維持されているのです。

64

第1章 ヒトの細胞の基本構造

14 細胞の死の二つのタイプ

細胞の死の二つのタイプである，ネクローシス（A1～A3）とアポトーシス（B1～B3）をえがきました。

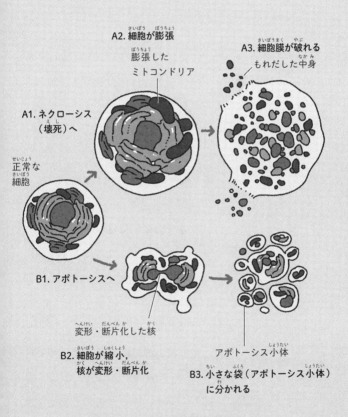

細胞の寿命はどのくらい？

博士,細胞の寿命ってどれぐらいなんですか？

ふむ。細胞の寿命は,細胞の種類によってもちがうんじゃ。たとえば,血液の赤血球は3か月ほどで,皮膚の表皮の細胞は2〜4週間で寿命をむかえるといわれておる。

へえ〜。思ったよりも短いかも。

うむ。ヒトの体全体で,毎日3000億〜4000億個もの細胞が死んでいるといわれておるぞ。

えー！ 死にすぎ！

安心せい。その分,細胞は分裂してふえておる。普通の細胞は,最大50回ぐらいまで分裂可能じゃ。それに体には,一生にわたって分裂できる特殊な細胞もいる。一方で,脳の神

66

経細胞や心臓の筋肉の細胞は，徐々に減っていくものの，多くはほぼ一生の間，生きつづけるんじゃ。

へぇ～。

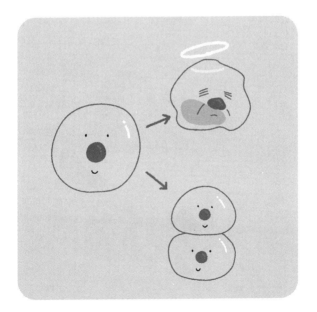

最強に面白い 人体と細胞

物理、建築の分野でも才能を発揮

はじめて細胞を発見したロバート・フックはイギリスのライト島出身

オックスフォード大学で医学や自然哲学を学んだ

1665年に出版した『ミクログラフィア』には

みずから組み立てた顕微鏡で調べたさまざまなもののスケッチがおさめられている

ノミ / 雪の結晶 / ナミハナアブの頭部 / ハチの針

1660年には物理学の分野でばねの伸び縮みに関する「フックの法則」を発見

1667年におきたロンドン大火のあとは再建に尽力

王立ベスレム病院やロンドン大火記念塔を設計した

ニュートンとの論争……？

フックはさまざまな功績を残したが

彼のものと断定できる肖像画は残っていない

その理由には同世代の科学者アイザック・ニュートン（1643〜1727）がかかわっているらしい

フックは、ニュートンとたびたび論争を引きおこした

「私のアイデアを盗んだだろう！」

「……。」

そして自分のアイデアが盗まれたと抗議した

1703年フックが亡くなると

ニュートンはフックの肖像画をすべて処分したといわれている

第2章

人体の多種多様な 細胞たち

ヒトの細胞は，どれも同じというわけでは
ありません。体のことなる場所には，形
もはたらきもことなる細胞が存在していま
す。第2章では，人体の多種多様な細胞た
ちを，みていきましょう。

1 たった一つの受精卵が、いろいろな細胞へ変化する

分裂をくりかえしていく過程で、専門化する

ヒトの一生は、卵子と精子が合体して一つになった、受精卵からはじまります。この受精卵は、分裂をくりかえしていく過程で、赤血球、脳の神経細胞など、形や機能のことなるさまざまな細胞へと専門化していきます。

このように、細胞が専門化していく過程を、生物学では「分化」といいます。

分化は人間にたとえると、得意なことを身につけて、決まった職業に就くようなものなのだ。

第2章　人体の多種多様な細胞たち

活発にはたらく遺伝子が，
ことなっていく

　細胞の分化がおきるとき，少数の例をのぞき，細胞の核にある遺伝情報はかわりません。分化した細胞の一つ一つには，ほぼ同じ遺伝情報がおさめられています。それにもかかわらず，細胞が分化していくのは，それぞれの細胞で，活発にはたらく遺伝子の組み合わせがことなっていくためです。

　さらにこうした変化は，核におきる化学的な変化によって固定され，通常はあともどりができません。こうして細胞は，ほかの細胞になる可能性を失い，分化していくのです。

　次のページからは，体の場所ごとに，分化した細胞をみていきましょう。

73

1 細胞の分化

細胞の分化をえがきました。細胞の分化は，受精卵というボールが，いくつもの谷に分かれた坂を，下っていくようなものです。

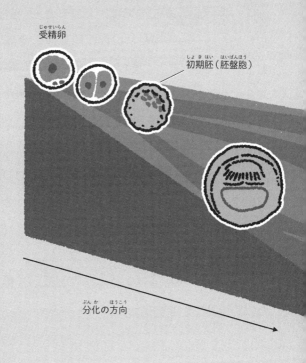

第2章 人体の多種多様な細胞たち

受精後
3週間の胚

レンズの
細胞

神経細胞

線維芽細胞

心筋

赤血球

膵臓のランゲルハンス島細胞

小腸の粘膜上皮細胞

坂を下って分化が進むと,
谷をこえて別の細胞になる
ことはできません。

2 アチ！ 皮膚には，刺激を感じとる細胞がある

特殊な構造体や細胞が，刺激を感じとる

　人の体の中で最大の組織は，皮膚です。皮膚は，体の内側を守るほかに，汗の分泌によって体温の調節を行っています。また，皮膚には，「ファーター・パッチーニ小体」「マイスネル小体」「メルケル細胞」とよばれる特殊な構造体や細胞が存在し，温覚，冷覚，痛覚，触覚，圧覚といった刺激を感じとることができます。

　圧覚を感知するパッチーニ小体はタマネギ，触覚を感知するマイスネル小体はケーキのミルフィーユのような層状の構造をしています。そのしくみについて，くわしいことはまだわかっていません。

第2章 人体の多種多様な細胞たち

扁平な細胞が, うろこ状に積み重なっている

　皮膚は，表面から順番に，「表皮」「真皮」「皮下組織」の3層で構成されています。さらに表皮は，いくつかの層にわけることができます。

　最表層の「角質層」には，「ケラチン」とよばれるタンパク質で満たされた扁平な細胞が，うろこ状に積み重なって肌にツヤをあたえます。この細胞はすでに死んでおり，やがてあかとなってはがれ落ちます。肌にハリをあたえるコラーゲンは，真皮にあります。

体をこすって出てくるあかは，死んだ細胞だったんだね。

2 皮膚の細胞

皮膚の構造(A)と，表皮の構造(B)をえがきました。皮膚のいちばん上層にあるのが，表皮です。

A. 皮膚の構造

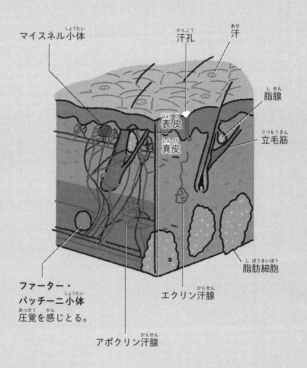

第2章 人体の多種多様な細胞たち

B. 表皮の構造

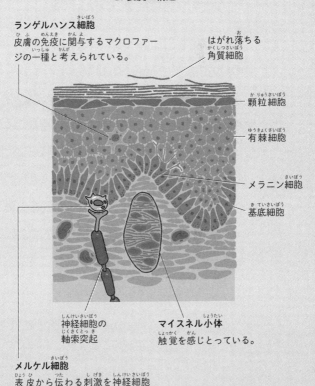

ランゲルハンス細胞
皮膚の免疫に関与するマクロファージの一種と考えられている。

はがれ落ちる角質細胞

顆粒細胞

有棘細胞

メラニン細胞

基底細胞

神経細胞の軸索突起

マイスネル小体
触覚を感じとっている。

メルケル細胞
表皮から伝わる刺激を神経細胞に伝えていると考えられている。

3 気管の細胞は，まるで海底のイソギンチャク

のどから肺に向かってのびる「気管」

呼吸の際，吸う空気は「吸気」，吐く空気は「呼気」といいます。この吸気と呼気の通り道が，のどから肺に向かってのびる「気管」です。

気管は，肺の手前で左右の「気管支」に分かれ，さらに肺の中で枝分れをくりかえして「細気管支」という細い枝になります。そして細気管支の終点にあるのが，肺の「肺胞」の集まりです。肺胞は，肺を構成する，無数の球形の小部屋です。

第2章 人体の多種多様な細胞たち

3 気管の細胞

気管にある,杯細胞と線毛上皮細胞をえがきました。

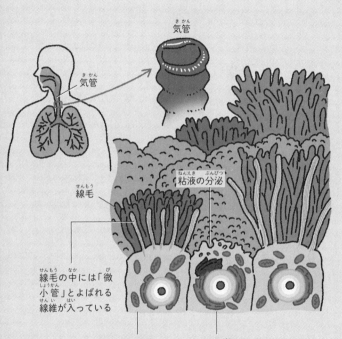

気管

粘液の分泌

線毛

線毛の中には「微小管」とよばれる線維が入っている

線毛上皮細胞
表面に「線毛」とよばれる突起をもつ。線毛を動かして粘液に吸着した異物を送り返す。

杯細胞
異物を吸着させるための粘液を分泌する。分泌顆粒をつくるゴルジ体が発達している。

毛が同じ方向へたなびき，異物を口へ送り返す

　気管には，粘液を分泌する細胞と，表面に毛のはえた細胞があります。「線毛」とよばれるこの毛は，長さ5～10マイクロメートル（マイクロは100万分の1），直径0.2マイクロメートルの細長い突起で，鞭のようにしなやかに動くことができます。その姿は，まるで海底のイソギンチャクのようです。

　この毛は，いっせいに同調して同じ方向へたなびき，分泌された粘液とともに，ほこりや細菌などの異物を口へむけて送り返します。そして異物を含んだ粘液は，最終的に痰となって，口から吐きだされます。

第2章　人体の多種多様な細胞たち

4 水滴厳禁。肺胞の細胞は, 洗剤に似た物質を出す

へだてる壁の厚さは, 約5000分の1ミリ程度

　肺には, 合計約6億個もの肺胞があるといわれています。肺胞は直径約0.1〜0.3ミリメートルの小さな袋で, そのまわりを毛細血管が取り囲んでいます。

　吸気に含まれる酸素は, 肺胞に到着すると, 肺胞の壁と毛細血管の壁を通り抜けて, 毛細血管内の赤血球に受け取られます。一方, 血液に含まれる二酸化炭素は, 肺胞の壁と毛細血管の壁を通り抜け, 肺胞の空間に出て呼気になります。

　肺胞の空間と血液をへだてる壁の厚さは, 薄い部分で約5000分の1ミリメートル程度しかありません。

83

肺胞は，つぶれずに球形を保てる

　ガス交換を行う肺にとって，肺胞の壁の総面積は広いほど有利です。成人の場合，肺胞の壁の総表面積は，片肺だけで約70平方メートルもあります。

　肺胞の壁にへばりつく細胞（Ⅱ型肺胞上皮細胞）は，台所洗剤に似た「界面活性剤」を，壁の表面へ分泌します。界面活性剤は，肺胞にうすい水の層をつくり，水滴ができるのを防ぎます。そのため肺胞は，つぶれずに球形を保つことができるのです。

界面活性剤のおかげで，肺胞はつぶれず，シャボン玉のようにふくらむことができるんだボウ。

第2章 人体の多種多様な細胞たち

4 肺胞の細胞

肺胞の細胞をえがきました。肺胞の壁には，界面活性剤を分泌する，II型肺胞上皮細胞があります。

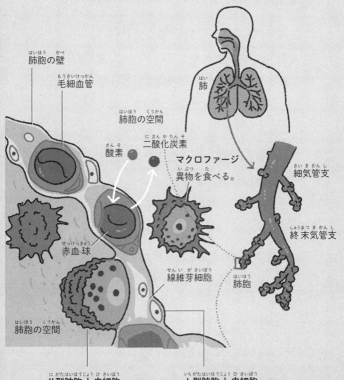

肺胞の壁
毛細血管
肺胞の空間
酸素
二酸化炭素
マクロファージ
異物を食べる。
赤血球
線維芽細胞
肺胞の空間
肺
細気管支
終末気管支
肺胞

II型肺胞上皮細胞
界面活性剤を分泌する。うすい水の層をつくり，水滴ができるのを防ぐ。

I型肺胞上皮細胞
うすい膜状の細胞。肺胞の内面をおおっている。

人体の細胞は37兆個

一説によると，ヒトの成人の体には，およそ37兆個の細胞があるといいます。**しかしかつては，およそ60兆個だといわれていました。**なぜ，かわったのでしょうか。

実は60兆個という数字は，科学的に根拠のあるものではないようです。求め方を記した学術論文などは，みつからないといいます。仮に細胞1個を1ナノグラム（ナノは10億分の1）として，体重60キログラムの人が細胞だけでできていると仮定すると，細胞の数は60兆個と計算できますが……。

一方，37兆個という数字は，イタリアの生物学者のエヴァ・ビアンコーニ博士が，2013年に学術論文で発表しました。**ビアンコーニ博士は，体の臓器や器官ごとに，どれぐらいの体積の細胞が何個**

ぐらいあるかを計算し,それらをすべて足し合わせました。するとその合計が,37兆2000億個になったのです。これが,37兆個の根拠です。ビアンコーニ博士,すばらしい数字を,誠にありがとうございます！

5 塩酸を噴きだす無数の間欠泉。胃の細胞

塩酸をつくるのは、縦穴にある細胞

　胃の内部の胃壁には、塩酸を噴きだす無数の間欠泉があります。「胃腺」です。塩酸をつくるのは、胃腺の縦穴にある、「壁細胞」という細胞です。

　塩酸は、胃の内部をpH1～2という強い酸性に保ちます。酸性の環境に食べ物が入ってくると、食べ物が殺菌されるとともに、食べ物に含まれるタンパク質が変性します。さらに変性したタンパク質は、「ペプシン」という消化酵素によって分解されます。塩酸がつくる酸性の環境は、ペプシンがはたらくためにも、欠かせません。

第2章 人体の多種多様な細胞たち

5 胃の細胞

胃の胃壁の細胞をえがきました。胃腺の縦穴にある壁細胞が，塩酸を分泌します。

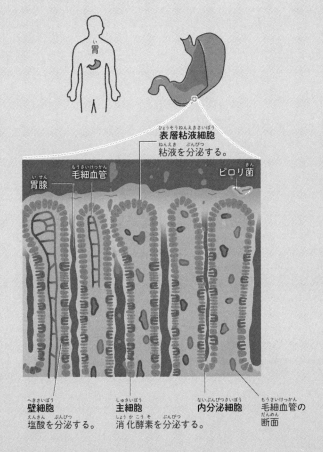

表層粘液細胞
粘液を分泌する。

毛細血管　ピロリ菌　胃腺

壁細胞
塩酸を分泌する。

主細胞
消化酵素を分泌する。

内分泌細胞

毛細血管の断面

89

粘液が，胃壁の表面を弱酸性に保つ

　胃壁の表面には，粘液をつくって分泌する，「表層粘液細胞」があります。表層粘液細胞がつくる粘液は，胃壁の表面をおおって，pH6～7の弱酸性に保ちます。胃壁の細胞が塩酸に溶けずにすむのは，この粘液があるためです。

　お酒を飲むと，粘液が流されてしまうばかりか，表層粘液細胞自身もはがれてしまいます。しかし，表層粘液細胞はさかんに分裂しているため，一晩もたてば元どおりに復活します。

胃の塩酸は，食物を殺菌し，タンパク質の消化を助けるのだ。

第2章　人体の多種多様な細胞たち

6 びっしり。小腸の細胞は，1000本の毛をもつ

小腸の内壁の表面積は，約340平方メートル

　胃で分解された食べ物は，小腸でさらに細かく分解されて，体内へと吸収されます。

　吸収の効率を高めるために，小腸の表面は複雑な凹凸をもち，できるだけ表面積を広げる工夫がされています。小腸の内壁には輪状のひだがあり，表面には絨毛があります。さらに絨毛の表面には，一つの細胞につき1000本もの微絨毛をもつ，「吸収上皮細胞」がしきつめられています。この構造によって，全長約8メートルの小腸の内壁の表面積は，約340平方メートルにもなるといいます。

91

微絨毛の膜に,消化酵素が埋めこまれている

　吸収上皮細胞の微絨毛は,長さ1マイクロメートル(マイクロは100万分の1)ほどの突起です。微絨毛の膜には,さまざまな消化酵素が埋めこまれています。消化酵素は,タンパク質や炭水化物を,それぞれの最小構成単位であるアミノ酸や単糖へと分解します。

　この最終消化を経て,私たちが食べたタンパク質や炭水化物は,ようやく体内へと吸収されるのです。

微絨毛のおかげで,色々な栄養素が体内に取りこまれているんだね。

第2章 人体の多種多様な細胞たち

6 小腸の細胞

小腸の内壁をえがきました。絨毛の表面にある吸収上皮細胞が，栄養素を吸収します。

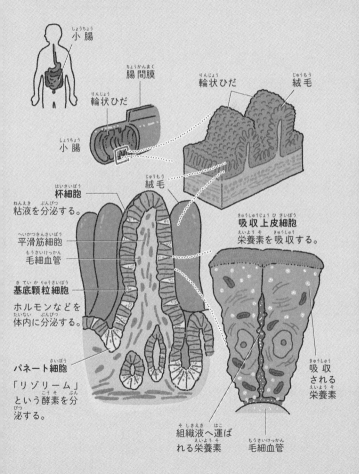

小腸

腸間膜
輪状ひだ
絨毛
輪状ひだ
小腸

絨毛

杯細胞
粘液を分泌する。

平滑筋細胞
毛細血管

基底顆粒細胞
ホルモンなどを体内に分泌する。

パネート細胞
「リゾチーム」という酵素を分泌する。

吸収上皮細胞
栄養素を吸収する。

吸収される栄養素

組織液へ運ばれる栄養素
毛細血管

93

7 肝臓の毛細血管には，落とし穴があいている

三つのはたらきをになう「肝細胞」

ヒトの肝臓は，成人で約1.5キログラムもある，人体でいちばん大きな臓器です。肝臓に供給される血液は，1分間に1～1.8リットルにもなります。

肝臓には，主なはたらきが三つあります。「栄養素の貯蔵と放出」「有毒物質の無毒化」「胆汁の合成と放出」です。この三つのはたらきをすべてになっているのが，肝臓の「肝細胞」です。

第2章 人体の多種多様な細胞たち

7 肝臓の細胞

肝臓の細胞をえがきました。肝臓のさまざまなはたらきをになっているのが，肝細胞です。

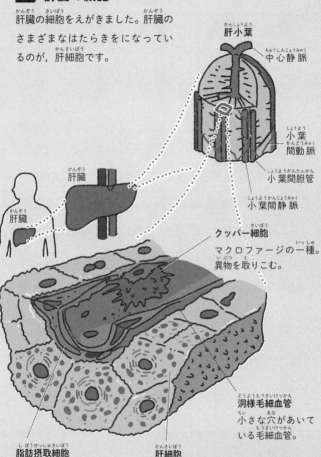

肝小葉
中心静脈
小葉間動脈
小葉間胆管
小葉間静脈

肝臓

肝臓

クッパー細胞
マクロファージの一種。異物を取りこむ。

洞様毛細血管
小さな穴があいている毛細血管。

脂肪摂取細胞
（伊東細胞）
ビタミンAを貯蔵する。

肝細胞
栄養素の貯蔵と放出，有毒物質の無毒化，胆汁の合成と放出など，多彩なはたらきをする。

95

「血しょう」が，毛細血管を自由に出入りできる

　肝臓で，肝細胞の間を通る毛細血管には，小さな穴がたくさんあいています。この穴は，血液の液体成分である「血しょう」が，毛細血管を自由に出入りできるようにするためのものです。**肝細胞は，毛細血管の穴を通ってきた血しょうから，さまざまな物質を取りこんで処理します。また，必要に応じて，さまざまな物質を血しょうへと放出します。**

　肝細胞は，一つの細胞で多彩なはたらきをします。そのため，細胞内のあらゆる小器官が，よく発達しているのが特徴です。

「糖の貯蔵」「アルコールの解毒」も，肝細胞の仕事なんだボウ。

第2章　人体の多種多様な細胞たち

8 インスリンをつくるのは，膵臓の小島にある細胞

血糖値の調整を行う細胞の集団

　膵臓には，二つの重要な役割があります。一つは消化液である「膵液」を合成して，小腸へ分泌することです。もう一つは，血液中のブドウ糖の濃度である「血糖値」を調節することです。

　血糖値の調節を行うのは，膵臓にある「ランゲルハンス島」という細胞の集団です。ランゲルハンス島は主に，「α（アルファ）細胞」「β（ベータ）細胞」「δ（デルタ）細胞」という三つの細胞からなります。そしてこれらの細胞は，それぞれことなるホルモンを分泌します。

適切なときに，適切な量のホルモンを分泌

　α細胞は，血糖値を上げるホルモンである「グルカゴン」を分泌します。一方でβ細胞は，血糖値を下げるホルモンである「インスリン」を分泌

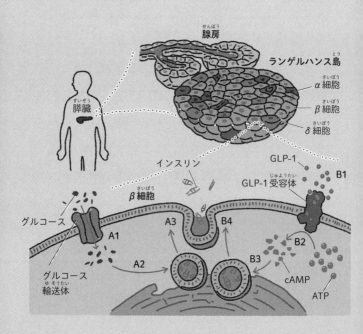

8 膵臓のβ細胞

第2章　人体の多種多様な細胞たち

します。そして，δ細胞は，グルカゴンとインス

リンの分泌量をコントロールする「ソマトスタチ

ン」を分泌します。ランゲルハンス島の三つの細

胞は，それぞれ情報交換を行い，適切なときに

適切な量のホルモンを分泌することで，体内の

血糖値を厳密に制御しているのです。

膵臓のランゲルハンス島にあるβ細胞が，インスリンを分泌す
るしくみをえがきました（A1 〜 A3，B1 〜 B4）。

A1： グルコースが細胞内に取りこまれる。

A2： グルコースの量が増加したという情報が細胞内を伝わ
ると，インスリンの入った袋が細胞の表面に移動する。

A3： インスリンの入った袋が細胞表面で口をあけ，インス
リンが分泌される。

B1： GLP-1が，GLP-1受容体にくっつく。GLP-1は，小腸
から分泌される，インスリンの分泌をうながすホルモン。

B2： GLP-1受容体は，「ATP」という分子を分解して，ATP
から「cAMP」というシグナル分子をつくる。

B3： インスリンの入った袋は，cAMPの濃度が上がったとい
う情報を受け取ると，細胞の表面に移動する。

B4： インスリンの入った袋が細胞表面で口をあけ，インス
リンが分泌される。

9 タコ！ 腎臓の毛細血管にからみつく細胞

突起のついた足で，フィルターの役割を果たす

体外から取り入れた酸素と栄養素は，私たちの活動のエネルギー源として，全身の細胞で使われます。腎臓は，細胞活動の結果生じた老廃物を，血液から尿として分離するはたらきをしています。

腎臓には，「腎小体」とよばれる装置があります。腎小体の「糸球体」では，毛細血管に，いくつもの「たこ足細胞」がからみついています。たこ足細胞は，葉脈のような細い突起のついた足で毛細血管をおおい，フィルターの役割を果たしています。

第2章 人体の多種多様な細胞たち

9 腎臓の細胞

腎臓の腎小体の細胞をえがきました。糸球体のたこ足細胞の足のすき間を通過して、ボウマン嚢とよばれる袋の中にしみ出た液体が、原尿です。

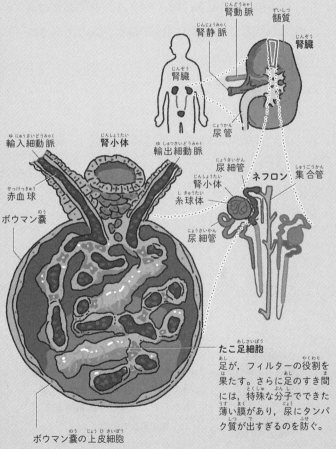

たこ足細胞
足が、フィルターの役割を果たす。さらに足のすき間には、特殊な分子でできた薄い膜があり、尿にタンパク質が出すぎるのを防ぐ。

101

尿として排出されるのは,たったの1%

糸球体は,1日約150リットルもの液体を血液から分離し,尿の元である「原尿」をつくっています。 原尿はそのまま排出されるわけではなく,排出してはいけないものが「尿細管」で再吸収され,残ったものが尿となります。

実は,原尿の約99%は再吸収されて,最終的に尿として排出されるのは,原尿のたったの1%(1.5リットル)にすぎません。

原尿から,水や糖などの成分が再吸収され,その結果,老廃物であるアンモニアなどが濃縮されて,尿が完成するのだ。

第2章　人体の多種多様な細胞たち

memo

10 精巣の群衆細胞, 卵巣の女王さま細胞

1日に, 数億個の精子がつくられる

男性の精巣には, 「曲精細管」が複雑に曲がりくねっておさまっています。曲精細管の全長は, 1個の精巣で約250メートルにもなります。

曲精細管の断面の最も外側にあるのが, 精子のもととなる「精祖細胞」です。精祖細胞は, 常に分裂して, 新しい細胞を供給します。その細胞が, 染色体の数が半減する「減数分裂」をしながら曲精細管の内側へと移動し, 精子となります。

ヒトの精祖細胞が精子になるまでに約64日かかり, 1日に数億個もの精子がつくられます。

第2章 人体の多種多様な細胞たち

「卵母細胞」は,周囲を細胞につつまれている

女性の卵巣では,1個の「卵母細胞」が,グラーフ卵胞の中で一定の周期でくりかえし成熟します。卵母細胞は,周囲を「卵胞上皮細胞」につつまれて,「卵胞」を形成しています。その姿はまるで,侍女をしたがえた女王のようにもみえます。

卵胞は,成熟の過程で徐々に大きくなってもり上がり,最後は卵胞上皮が薄くなって破れ,中の卵母細胞が外に放出されます。これが排卵です。ヒトの場合,排卵は約28日に1回の周期でおきます。

「卵胞上皮細胞」は,栄養や女性ホルモンなどを卵子にあたえて,排卵後も受精前後の卵子を助けているらしいボウ。

10 精巣の細胞と卵巣の細胞

精巣の細胞（A）と，卵巣の細胞（B）をえがきました。

A. 精巣の細胞

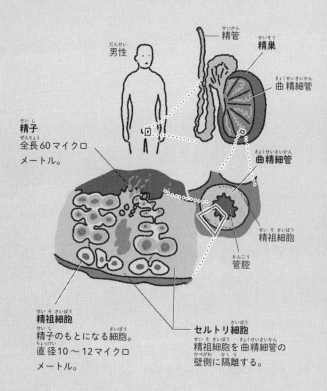

男性

精管
精巣
曲精細管
曲精細管

精子
全長60マイクロメートル。

精祖細胞

管腔

精祖細胞
精子のもとになる細胞。
直径10〜12マイクロメートル。

セルトリ細胞
精祖細胞を曲精細管の壁側に隔離する。

第2章 人体の多種多様な細胞たち

B. 卵巣の細胞

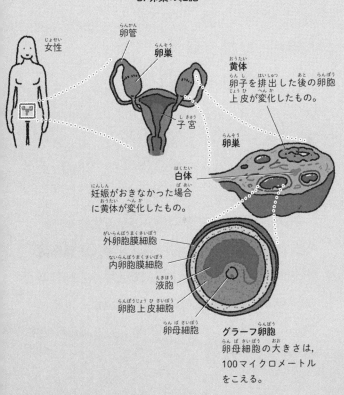

11 目の網膜には，色担当細胞と明暗担当細胞がある

水晶体を通過した光は，「網膜」に像を結ぶ

　目は，光を感じとる器官です。眼球には，カメラのレンズの役割を果たす「水晶体」があります。水晶体は，層状の透明な細胞でつくられています。その水晶体を通過した光は，「網膜」に像を結びます。

　網膜には，光をとらえる2種類の細胞が存在します。光の明暗に反応する明暗担当の「桿体細胞」と，赤・青・緑の光の色に反応する色担当の「錐体細胞」です。この2種類の細胞が，網膜に並んで存在することで，私たちは物を見ることができるのです。

第2章 人体の多種多様な細胞たち

外節の内部には，円板が積み重なっている

桿体細胞と錐体細胞は，二つの突起を，光が来る方向とその反対方向にのばしています。光が来る方向とは反対方向の突起には，「内節」と「外節」とよばれる部分があります。

内節と外節は，同じ細胞の一部であるにもかかわらず，まったくことなった構造をしています。外節の内部には，円板のようなものが積み重なっています。この円板は，細胞膜がくびれてできたもので，膜の中には光で形が変化する「視物質」が含まれています。

水晶体は透明で，かたいが弾力もあるのだ。周囲の筋肉（毛様体筋）によってのびちぢみし，ピントを調節するはたらきをもつのだ。

11 目の細胞

目の構造と，網膜にある細胞をえがきました。1個の目の中に，光の明暗を感じる桿体細胞は1億個以上，色を感じる錐体細胞は約700万個あるといわれています。

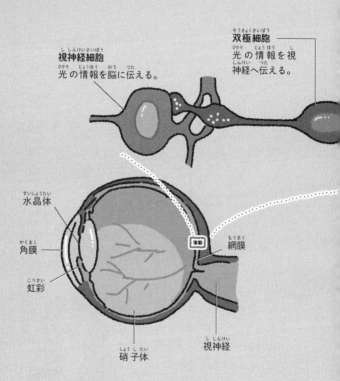

第2章 人体の多種多様な細胞たち

光をとらえる細胞は、網膜の底の方にあるんだね。

桿体細胞
光の明暗を感知する。
円筒状の突起をもつ。

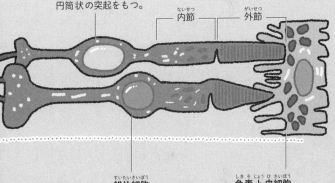

内節　外節

錐体細胞
光の色を感知する。
円錐状の突起をもつ。

色素上皮細胞
色素をもち、光を吸収して乱反射を防ぐ。

111

12 ブルブル。耳にある細胞の毛が，音をとらえる

振動が，「蝸牛」のリンパ液へ伝わる

　耳は，音や体の傾き，体の動きを感じとる器官です。音は，耳の奥にある形がカタツムリに似た「蝸牛」とよばれる場所で，体の傾きや動きは「前庭」や「三半規管」とよばれる場所でとらえられます。

　音の正体は，空気の振動です。音が耳に届くと，空気の振動が「鼓膜」を振動させ，鼓膜の振動が「耳小骨」に伝わります。耳小骨では振動が増幅されて，さらにその振動が蝸牛の中を満たしているリンパ液へと伝わります。

第2章 人体の多種多様な細胞たち

12 耳の細胞

耳の蝸牛にある細胞をえがきました。有毛細胞の感覚毛は，一度折れると元にもどりません。音量は，ひかえめにしましょう。

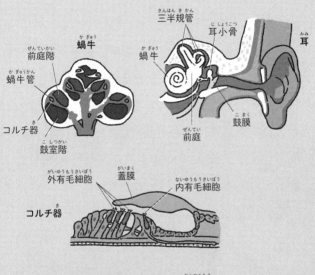

外有毛細胞
感覚毛でリンパ液の振動をとらえて，神経線維へ情報を伝える。

113

「有毛細胞」が，上下に振動する

　蝸牛のリンパ液に伝わった振動は，蝸牛内部の「前庭階」のリンパ液に伝わり，その後「鼓室階」のリンパ液に伝わります。そして鼓室階のリンパ液の振動は，「蝸牛管」の中にある「コルチ器」の床に伝わります。するとコルチ器の「有毛細胞」が上下に振動して，有毛細胞の「感覚毛」が，コルチ器の上をおおう「蓋膜」というひさしにぶつかります。このとき，有毛細胞から神経細胞へと，刺激が伝えられます。

　空気の振動である音の情報は，こうして脳に伝わるのです。

ヘッドホンなどで，強い音の刺激を聴毛にあたえつづけると，聴毛は耐えきれずに折れていくボウ。こうしておきるのが「騒音性難聴」で，一度こわれた聴毛は元にもどらないボウ。

第2章　人体の多種多様な細胞たち

memo

大きい人は、細胞が大きい？

博士、大きい人は細胞が大きいんですか？ 僕、将来背が高くなりたいんです。

ふむ。一つ一つの細胞の大きさは、同じ種類の細胞であれば、誰でも同じぐらいだと考えられておる。背の高い人の細胞が、縦長というわけではないんじゃ。

えっ、じゃぁ大きい人は、なんで大きいんですか？ あ、もしかして、細胞の数がちがうのか！

細胞の数も、ほとんどかわらんじゃろうな。大人の体にあるのは、およそ37兆個の細胞じゃ。

じゃぁ、大きい人はいったいどうして……。

うむ。背の高さに影響をあたえるのは、骨や線維などの、細胞以外の物質と考えられておる。骨や線維にも細胞はいるけれど、骨や線維自体は細胞じゃないんじゃ。

へぇ〜、そうだったのか。

注：やせている人と太っている人のちがいは、主に白色脂肪細胞の数や大きさのちがいです。

13 伸び縮みする筋肉もまた，細胞でできている

筋肉には，3種類ある

ヒトの動きは，すべて筋肉によって生みだされます。筋肉もまた，細胞からできています。

筋肉には，3種類あります。骨に付着して手足などを動かす「骨格筋」，心臓を拍動させる「心筋」，内臓や太い血管にある「平滑筋」です。骨格筋は自分の意志で動かせるのに対して，心筋や平滑筋は自分の意志では動かせません。

「骨格筋細胞」は，長さ数ミリ〜15センチ

筋肉を構成する線維状の細胞を，「筋線維」といいます。骨格筋は，1個の「骨格筋細胞」が太さ10〜100マイクロメートル，長さ数ミリメー

第2章 人体の多種多様な細胞たち

13 3種類の筋肉の細胞

骨格筋（A），心筋（B），平滑筋（C）の細胞をえがきました。

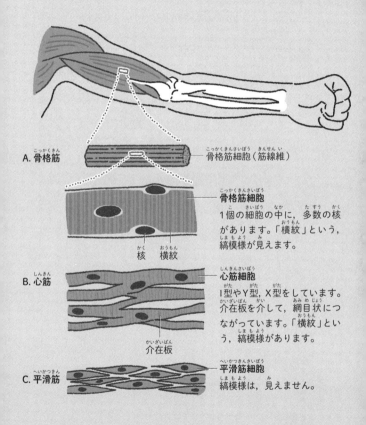

A. 骨格筋 — 骨格筋細胞（筋線維）

骨格筋細胞
1個の細胞の中に，多数の核があります。「横紋」という，縞模様が見えます。

核　横紋

B. 心筋 — 心筋細胞
I型やY型，X型をしています。介在板を介して，網目状につながっています。「横紋」という，縞模様があります。

介在板

C. 平滑筋 — 平滑筋細胞
縞模様は，見えません。

119

トル〜15センチメートルあり，これが1本の筋線維です。核を多数もち，「横紋」という縞模様が見えるのが特徴です。

心筋は，1個の「**心筋細胞**」(心筋線維)がI型やY型，X型をしています。そしてこれらの心筋細胞が網目のようにつながって，心臓の丸い袋状の構造をつくっています。心筋は，収縮することで，心房や心室の容積を縮小させます。骨格筋と同じように，横紋が見えます。

平滑筋は，「**平滑筋細胞**」(平滑筋線維)が集まったものです。骨格筋や心筋に見られるような縞模様は，見えません。

心筋細胞は，心臓が一定のリズムで規則正しく拍動するための，ペースメーカーのような細胞なのだ。

第2章　人体の多種多様な細胞たち

14　骨に埋まる細胞，つくる細胞，そしてこわす細胞

同心円状の模様が，波紋のようにみえる

　ヒトの基本的な形は，骨によってつくられます。この骨をつくるのも，細胞です。

骨は，主にリン酸カルシウムや炭酸カルシウムのような無機質と，「骨細胞」でできています。骨細胞は，たがいに突起でつながりながら，骨の中に埋まっています。骨の断面を見ると，骨細胞がつくる同心円状の模様が，あたかも水面に広がる波紋のようにみえます。

分泌したカルシウムに、埋めこまれてしまう

骨細胞は、最初から骨に埋まっていたわけではありません。骨では、「破骨細胞」による破壊と、「骨芽細胞」による再構築が、常に行われています。

骨芽細胞は、自分自身のまわりにカルシウムを分泌することで、骨をつくります。そして骨ができていくにつれて、みずからの分泌したカルシウムに囲まれていき、やがて完全に埋めこまれてしまいます。これが、骨細胞です。骨に見られる波紋の模様は、その場所が骨芽細胞によって再構築されたことの、証拠でもあるのです。

骨の中にも細胞がすんでいるんだね！

第2章 人体の多種多様な細胞たち

14 骨の細胞

骨にある細胞をえがきました。破骨細胞と骨芽細胞のつくる同心円状の構造は,「骨単位」とよばれ, 骨に強度を与えます。

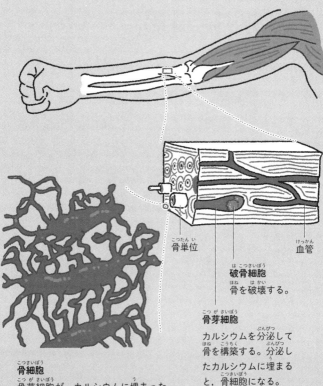

骨単位

血管

破骨細胞
骨を破壊する。

骨芽細胞
カルシウムを分泌して骨を構築する。分泌したカルシウムに埋まると, 骨細胞になる。

骨細胞
骨芽細胞が, カルシウムに埋まったもの。骨細胞は, たがいに突起でつながり, 情報のやりとりをしている。

15 骨髄の1種類の細胞から できる！ 血液の細胞

赤血球には，核がない

血液は，液体成分である「血しょう」の中に，酸素を運ぶ細胞である「赤血球」，異物から体を守る細胞である「白血球」，傷口からの出血を止める細胞である「血小板」がまざったものです。

赤血球には，通常の細胞にならあるはずの，核がありません。細胞の中にあるのは，酸素と結合する「ヘモグロビン」を多く含む，細胞質だけです。中央がへこんだ円板形も，表面積が大きく，酸素を受け取りやすい形になっています。

第2章 人体の多種多様な細胞たち

15 血液の細胞

血液の細胞をえがきました。骨髄でつくられた血液の細胞は、骨髄の毛細血管に自分で穴をあけて、血管に入ります。ここでは、巨核球と赤血球が、血管に入ろうとしています。

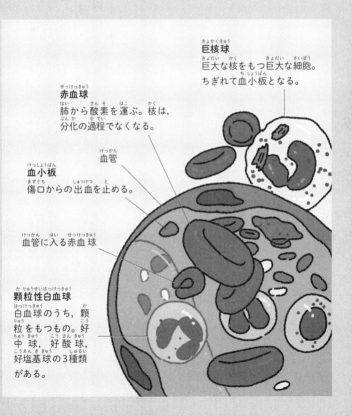

巨核球
巨大な核をもつ巨大な細胞。ちぎれて血小板となる。

赤血球
肺から酸素を運ぶ。核は、分化の過程でなくなる。

血管

血小板
傷口からの出血を止める。

血管に入る赤血球

顆粒性白血球
白血球のうち、顆粒をもつもの。好中球、好酸球、好塩基球の3種類がある。

125

好中球は，細菌を食べて分解する

白血球には，「好中球」「好酸球」「好塩基球」「リンパ球」「単球」などの，さまざまな種類があります。たとえば好中球は，細菌が体内に侵入したことを知ると，血管の壁をすり抜けて血管の外へ出て，細菌を食べて分解します。一方，血小板は，核のない小さな細胞で，血液をかたまらせる物質などが入った顆粒をもちます。

血液に含まれるこのように多彩な細胞は，実はすべて，骨髄にある同じ細胞からつくられることがわかっています。

血液の細胞は，元をたどれば「造血幹細胞」という"親玉"から生まれたものなんだボウ。

第2章　人体の多種多様な細胞たち

memo

16 脾臓は、すのこのような血管で血液をこす

血管の途中で、フィルターの役割を果たす

ヒトの体内には、侵入してきた異物などから体を守るために、「脾臓」「リンパ管」「リンパ節」「扁桃」「胸腺」などの臓器や器官があります。このうち脾臓は、血管の途中でフィルターの役割を果たして、血液中の老朽化した赤血球や異物をこしとり、血液を浄化しています。

脾臓は、全身で病原体と戦わなければならない事態にそなえて、リンパの"戦闘部隊"を育成したり、免疫記憶をつくったりするのだ。

第2章　人体の多種多様な細胞たち

「マクロファージ」が，
待ちかまえている

　脾臓は，左のわき腹にある，にぎりこぶしぐらいの大きさの臓器です。脾臓には，「脾洞」とよばれる特殊な毛細血管があります。この毛細血管は，細長い棒状の「杆状細胞」がすきまをあけて並んだもので，まるですのこのような形状をしています。

　脾洞のまわりには，「マクロファージ」がたくさん待ちかまえています。マクロファージは，血液中の単球が組織に入って変化した細胞で，白血球の一種です。マクロファージは，血液とともにすきまを出入りする老朽化した赤血球や異物をとらえて，食べてしまいます。こうして脾臓は，血液を浄化しているのです。

129

16 脾臓の細胞

脾臓の細胞をえがきました。脾洞が，血液中の老朽化した赤血球や異物をこしとります。

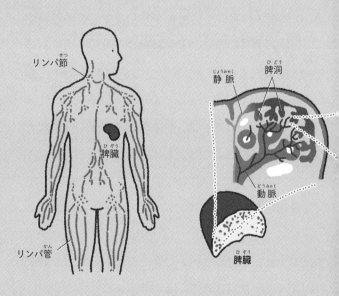

130

第2章 人体の多種多様な細胞たち

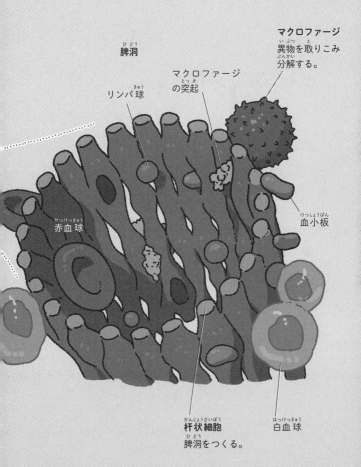

17 異物は先に行かせない。リンパ節の免疫細胞

異物をこしとり，リンパ液を浄化する

リンパ節は，「リンパ管」の途中でフィルターの役割を果たして，「リンパ液」の中の異物をこしとり，リンパ液を浄化します。

リンパ液は，リンパ管の中を通る液体のことです。リンパ管は，体中の組織からはじまり，鎖骨の下で静脈につながっています。血液の液体成分である血しょうが，血管から組織にしみだすと「組織液」となり，組織からリンパ管に入るとリンパ液となり，リンパ管から血管にもどるとふたたび血しょうとなります。

第2章 人体の多種多様な細胞たち

マクロファージが, 待ちかまえている

　リンパ節は, リンパ管の途中にあるソラマメ大の器官で, ヒトの体には300〜600個もあります。

　リンパ液は,「輸入リンパ管」と静脈からリンパ節に入り,「リンパ洞」を通って,「輸出リンパ管」から出ていきます。リンパ洞では, 網のようにはりめぐらされた「細網細胞」の間に, マクロファージが, 待ちかまえています。そして, リンパ液の流れにのってやってきた異物を, とらえて食べてしまいます。こうしてリンパ節は, リンパ液を浄化しているのです。

さらにマクロファージは, 自分が食べた異物の情報をリンパ球に伝えるボウ。この情報を得て, リンパ球は抗体をつくって異物を攻撃したり, 異物にとりついて食べたりするんだボウ。

17 リンパ節の細胞

リンパ節の細胞をえがきました。リンパ洞が、リンパ液中の異物をこしとります。

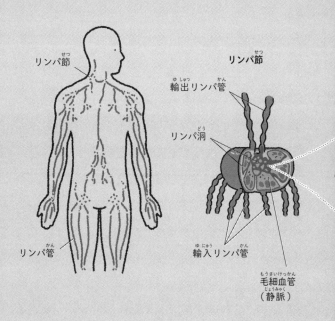

第 2 章　人体の多種多様な細胞たち

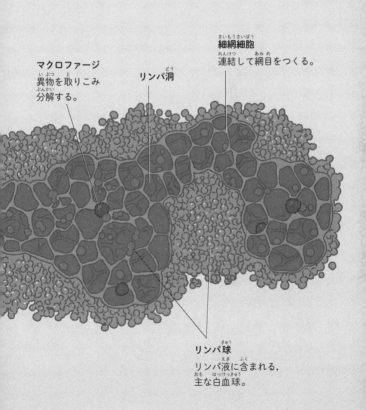

マクロファージ
異物を取りこみ分解する。

リンパ洞

細網細胞
連結して網目をつくる。

リンパ球
リンパ液に含まれる,主な白血球。

18 脳には，1000億個もの神経細胞がある

「中枢神経」と「末梢神経」がある

　ヒトの体には，およそ37兆個の細胞があるといわれています。しかしそれは，ただの集合体ではありません。細胞たちを統合し，調節しているのが，神経とホルモンです。

　神経系には，脳と脊髄の「中枢神経」と，中枢神経と体の各部分をつなぐ「末梢神経」があります。末梢神経には，筋肉とつながる「運動神経」，内臓とつながる「自律神経」，感覚器官とつながる「知覚神経」などがあります。中枢神経と末梢神経のどちらも，「神経細胞」と，神経細胞を支える「支持細胞」で構成されています。

第2章 人体の多種多様な細胞たち

「軸索突起」は，
ほかの細胞に刺激を伝える

神経細胞は，核のある細胞体から，「樹状突起」と「軸索突起」という2種類の突起がのびています。樹状突起は，ほかの細胞から刺激を受けとる突起で，軸索突起はほかの細胞に刺激を伝える突起です。神経細胞の軸索突起の終点と，ほかの細胞との間には，刺激を伝達する「シナプス」という特殊な構造があります。

ヒトの体には，約1400億個もの神経細胞があるといわれています。とくに脳には，神経細胞が，約1000億個もあるとみられています。また脳には，神経細胞の約10倍のグリア細胞（アストロサイト，オリゴデンドロサイト，ミクログリア）があります。

137

18 中枢神経の細胞

中枢神経の細胞をえがきました。中枢神経の軸索突起は、「オリゴデンドロサイト」がつくる「髄鞘(ミエリン)」という構造におおわれています。

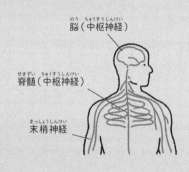

脳(中枢神経)
脊髄(中枢神経)
末梢神経

シナプス

神経細胞間あるいは神経細胞と他種細胞(筋肉細胞など)間に形成される、特殊な構造をもつ接合部。

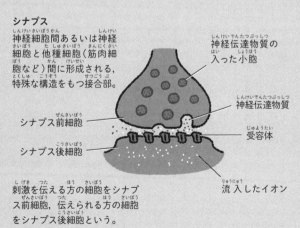

神経伝達物質の入った小胞
神経伝達物質
シナプス前細胞
受容体
シナプス後細胞
流入したイオン

刺激を伝える方の細胞をシナプス前細胞、伝えられる方の細胞をシナプス後細胞という。

第2章 人体の多種多様な細胞たち

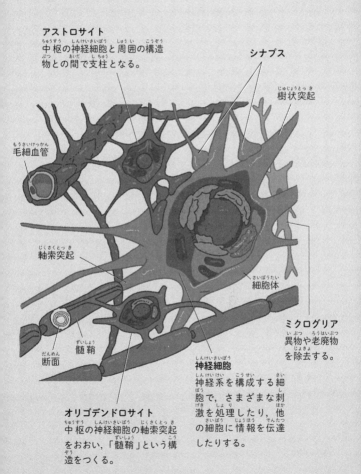

アストロサイト
中枢の神経細胞と周囲の構造物との間で支柱となる。

シナプス

樹状突起

毛細血管

軸索突起

細胞体

ミクログリア
異物や老廃物を除去する。

髄鞘

断面

神経細胞
神経系を構成する細胞で、さまざまな刺激を処理したり、他の細胞に情報を伝達したりする。

オリゴデンドロサイト
中枢の神経細胞の軸索突起をおおい、「髄鞘」という構造をつくる。

139

19 あちこちにある, ホルモンをつくる細胞

ホルモンは, 血液にのって全身を移動する

内分泌系の細胞から分泌され, 血管を通ってある特定の細胞に影響を与える物質を, 「ホルモン」といいます。ホルモンは, 神経とことなり, 血液にのって全身を移動していきます。そして, ホルモンが結合する「受容体」をもつ細胞だけが, その情報を受けとることができます。

神経とホルモンを比較したとき, 神経を有線電話にたとえるならば, ホルモンは電波放送だといえます。神経の情報伝達には電話線にあたる「神経線維」が必要なのに対して, ホルモンの情報伝達にはアンテナにあたる「受容体」が必要です。

第2章 人体の多種多様な細胞たち

19 副腎皮質の細胞

副腎皮質で，ステロイド性のホルモンを分泌する細胞をえがきました。この細胞は，脂質の分解や脂質の合成にかかわる「滑面小胞体」が非常によく発達しています。滑面小胞体は，リボソームのついていない小胞体です。

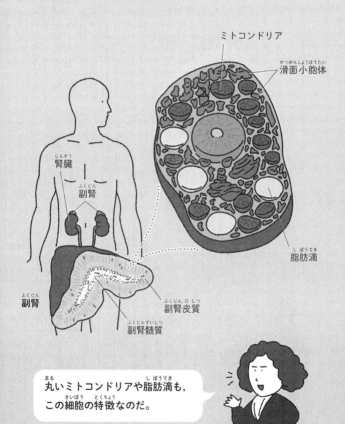

丸いミトコンドリアや脂肪滴も，この細胞の特徴なのだ。

ホルモンを分泌する細胞は，2種類に大別できる

ヒトの体には，ホルモンを分泌する細胞がいろいろな器官にあります。 そして，それらの細胞は，分泌するホルモンの種類によって，2種類に大別できます。

一つが，タンパク質系のホルモンを分泌する細胞で，下垂体，副腎髄質，膵臓などに分布しています。もう一つが，ステロイド性のホルモンを分泌する細胞で，副腎皮質，卵巣，精巣などに分布しています。

> そのほか「脂肪細胞」は，レプチンというホルモンを放出するボウ。レプチンは，食欲をおさえる作用があるんだボウ。

第2章　人体の多種多様な細胞たち

memo

20 細胞がなくならないのは、幹細胞があるから

最終的な形や機能に達していない

ヒトの体の中には、一生にわたって分裂をつづけることができる特殊な細胞があります。それは、「幹細胞」とよばれる細胞です。

幹細胞は、分裂して自分と同じ細胞をつくる能力と、別の細胞に分化する能力と、際限なく増殖できる能力をもつ特殊な細胞です。このような幹細胞が、皮膚や骨髄、小腸の上皮、肝臓、眼の網膜など、いろいろな組織や器官で次々とみつかっています。

第2章 人体の多種多様な細胞たち

死んだ細胞のかわりとなる細胞を供給

　細胞は、寿命や思わぬ外因によって死んで消滅します。幹細胞は分裂することで新しい細胞を生みだし、死んだ細胞のかわりとなる細胞を組織や器官に供給します。

　たとえば、あかとなってはがれ落ちる皮膚の表面がなくならないのは、表皮に幹細胞があるためです。手術で患部を切りとられ、小さくなってしまった肝臓が、その後復元するのにも、幹細胞がかかわっています。このように、私たちの体が常に必要な細胞数を保っていられるのは、幹細胞があるためなのです。

表皮の細胞がたえず分裂する結果、皮膚は約28日のサイクルで入れかわるといわれるそうだよ。

20 表皮の幹細胞のはたらき

皮膚の表皮の幹細胞は、基底層にあります。基底層の幹細胞が分裂することで、新しい細胞が基底層から有棘層、有棘層から顆粒層へと供給されます。

皮膚の表皮

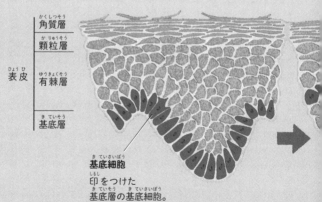

表皮
- 角質層
- 顆粒層
- 有棘層
- 基底層

基底細胞
印をつけた基底層の基底細胞。

第2章 人体の多種多様な細胞たち

有棘細胞
時間がたつと，印をつけた細胞が有棘層へ移動し，有棘細胞へ分化する。

顆粒細胞
さらに時間がたつと，印をつけた細胞が顆粒層へ移動し，顆粒細胞へ分化する。この後，角質細胞となり，最終的にあかとなって表面からはがれ落ちる。

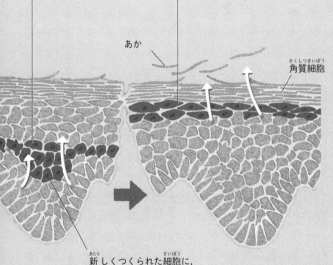

あか

角質細胞

新しくつくられた細胞に，押し上げられる。

最強に面白い 人体と細胞

弁護士から植物学者へ

ドイツの植物学者のマティアス・シュライデンはハンブルクで生まれた

ハンブルク大学で法律学を学び弁護士となった

しかし弁護士の仕事は長くはつづかなかった

精神的に追いつめられ自殺をはかったこともあった

弁護士をやめたシュライデンはゲッティンゲン大学で医学と哲学の博士に

さらに植物学者の伯父の影響で植物学にひかれベルリン大学に移った

シュライデン　シュワン
ブラウン　フンボルト

ロバート・ブラウンらと植物を顕微鏡で観察

数年のうちに『植物発生論』を発表。植物の細胞説を唱えた

動物がきっかけの大発見

ドイツの生理学者のテオドール・シュワンはフランス帝国下の小さな町で生まれた

16歳ころ聖職者になるようすすめられ神学の教育を受けた

ところが教師の影響で神学を放棄して医学の道へ

解剖学を学び1836年にはペプシンを発見

ベルリン大学に移るとシュライデンと知り合う

シュライデンと話すうちオタマジャクシにも植物に似た構造があると気づいた

そして1839年、動物の細胞説を提唱する論文を発表

こうしてすべての生物は細胞からできているとする細胞説が誕生した

第3章

細胞の老化と
がん化

細胞の老化とは，細胞がそれ以上分裂増殖できなくなった状態をいいます。細胞が老化する原因は，生きている間に細胞が傷つくことによります。ところが，傷ついた細胞の中には，無秩序に分裂増殖してしまうものもあります。がん細胞です。第3章では，細胞の老化とがん化について，みていきましょう。

1 活性酸素は，細胞の老化の原因になる

タンパク質やDNAを攻撃し，傷をつける

　細胞は分裂をくりかえし，いろいろな機能を果たして，やがて老化します。細胞を老化させる原因の一つに，「活性酸素」があります。ミトコンドリアのエネルギー生成の過程では，その副産物として，反応性の高い活性酸素がどうしてもできてしまいます。過激な有酸素運動やストレスによって，たくさんの活性酸素が生成され，ミトコンドリアの外にもれでます。

　活性酸素は，タンパク質やDNAを攻撃し，傷をつけます。傷が蓄積すると，細胞の機能が低下し，老化の原因になります。または，細胞ががん化する原因ともなります。

第3章 細胞の老化とがん化

1 活性酸素の攻撃

ミトコンドリアからもれでた活性酸素が,細胞内のタンパク質やDNAを傷つける過程をえがきました(1〜4)。

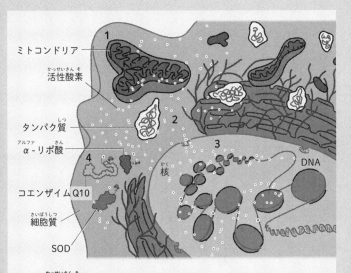

1. **活性酸素がもれる**
   活性酸素が,ミトコンドリアの外にもれる。
2. **タンパク質を酸化させる**
   活性酸素が,タンパク質に結合してこわす。
3. **DNAが傷つく**
   活性酸素が,DNAに結合してこわす。
4. **活性酸素を除去する**
   コエンザイムQ10,α-リポ酸,SODは,活性酸素を水にかえる(それぞれのはたらく場所はことなる)。

153

活性酸素の量が多いと，細胞の老化が進む

　　細胞には，活性酸素から身を守るためのしくみがあります。「コエンザイムQ10」や「α-リポ酸」などの活性酸素除去物質や「SOD」とよばれる酵素のはたらきで，活性酸素を毒性のない水分子へとかえているのです。しかし，ミトコンドリアから排出される活性酸素の量が多かったり，活性酸素除去物質が少なかったりすると，細胞内の活性酸素がふえてしまいます。すると，細胞は傷つき，老化が進んでしまうのです。

「コエンザイムQ10」と「α-リポ酸」は，加齢とともに細胞内での量が減少するため，サプリメントとして補給すると，疲労回復を助けたり，活性酸素をへらして老化をおさえたりするのではないかと考えられているのだ。

第3章　細胞の老化とがん化

2 がん細胞は，いくらでも分裂できる

普通の細胞の分裂回数には，上限がある

　細胞は分裂をくりかえしていくと，やがて分裂できなくなります。正常な細胞の分裂回数には上限があるのです。ヒトの細胞では，おおむね50回程度です。

　これに対して，がん細胞には，分裂限界がありません。際限なく分裂をくりかえすことができるのです。体にそなわっている幹細胞（くわしくは，164ページで説明します）は，一生にわたって必要なときに分裂することができます。

155

がん細胞では，
「テロメア」が短くならない

　正常な細胞に分裂回数の上限がある理由は，DNAの端にある「テロメア」とよばれるループ状の構造が，分裂のたびに短くなるからだという説が有力です。テロメアが短くなりすぎると，染色体の構造がたもてなくなり，それ以上分裂できないというしくみです。

　テロメアは，「テロメラーゼ」という酵素によって，短縮がおさえられます。多くのがん細胞では，テロメラーゼが過剰にはたらくために，テロメアが短くなることがありません。がん細胞が際限なく分裂できるのは，このためだと考えられています。

注：幹細胞が一生にわたって分裂できるのも，テロメラーゼが活発にはたらいているためだと考えられています。

第3章 細胞の老化とがん化

2 がん細胞

がん細胞のイメージをえがきました。多くのがん細胞では、テロメアが短くなることがありません。

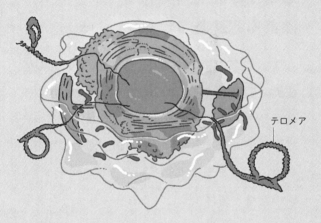

テロメア

注：イラストでは、見やすくするために、テロメアを細胞の外にえがいています。実際には、テロメアは、核の中におさめられています。

細胞の分裂限界は、DNAの端っこの構造と関係があるらしいボウ！

3 細胞のDNAに傷がたまると，がんになる

遺伝子が過剰にはたらく，ほとんどはたらかない

細胞は，DNAに傷が蓄積すると，がん化してしまいます。DNAには，細胞の分裂をうながす遺伝子や，細胞の分裂をおさえる遺伝子，傷ついたDNAを修復する遺伝子，DNAが傷ついた細胞を消滅させる遺伝子などが記録されています。DNAに傷が蓄積すると，これらの遺伝子が過剰にはたらいてしまったり※，逆にほとんどはたらかなくなってしまったりして，細胞ががん化してしまうのです。

※：テロメラーゼが過剰にはたらいてしまうのも，その一つです。

第3章 細胞の老化とがん化

3 発がんウイルス

発がんウイルスであるB型肝炎ウイルスが、肝細胞に感染して増殖する過程をえがきました（1〜5）。ウイルスのDNAが肝細胞のDNAに入りこみ、肝細胞のDNAが傷つきます。

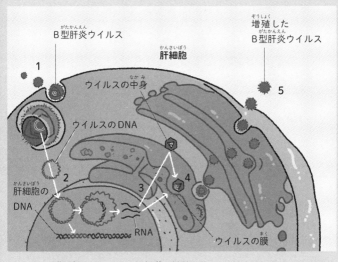

1：B型肝炎ウイルスが、肝細胞に感染する。
2：ウイルスのDNAが、肝細胞のDNAに入る。
3：RNAが合成され、ウイルスの中身と膜がつくられる。
4：ウイルスの中身と膜が、一つになる。
5：増殖したウイルスが、肝細胞の外に出る。

発がんウイルスのDNAが、細胞のDNAに入る

細胞のDNAを傷つけるものには、活性酸素や紫外線、放射線、さまざまな化合物などがあります。「発がんウイルス」の感染も、細胞のDNAが傷つく原因になります。

肝臓の肝細胞に感染する「B型肝炎ウイルス」は、発がんウイルスの一つです。B型肝炎ウイルスは、自分のDNAを肝細胞につくらせて増殖します。その際、ウイルスのDNAが、肝細胞のDNAに入りこみます。その結果、肝細胞のDNAが傷つき、肝細胞ががん化してしまうのです。

発がんウイルスのDNAが、細胞のDNAに入ってしまうなんて、こわい。

第3章 細胞の老化とがん化

4 がんにも，がん幹細胞がある

白血病のもとになる細胞が，発見された

　　1990年代の後半，幹細胞のようながん細胞があるかもしれないという考え方が生まれました。カナダの研究者が，白血病のもとになる「起始細胞」を発見したことがきっかけです。白血病は，異常な血液細胞がふえてしまう，血液のがんです。動物に白血病の起始細胞を移植したところ，その動物は白血病になりました。

　　その後ほかのがんでも，似た性質をもつ細胞がみつかりました。このような細胞は，「がん幹細胞」とよばれています。がん幹細胞は，血管に入ってほかの臓器へ転移する能力も高いといいます。

161

がんの環境が,がん幹細胞を生むのか

がん幹細胞は,がん細胞が周辺の環境に適応した結果,幹細胞の性質をもつようになったものだとみられています。 がんの中では,がん細胞が際限なく分裂するため,酸素が不足します。また,抗がん剤や放射線にさらされたがん細胞が,さまざまな分子を放出することもあります。こうした環境が,がん幹細胞を生むといいます。

がん幹細胞が,発がん過程のどの段階でできるのかについては,よくわかっていません。がん幹細胞は,謎の多い細胞なのです。

がん幹細胞については,まだくわしいことがわかっていないのだ。

第3章 細胞の老化とがん化

4 がん幹細胞

がんの中で，がん幹細胞が生まれるイメージをえがきました。がんの中の特殊な環境で，がん細胞が幹細胞の性質をもつようになるとみられています。

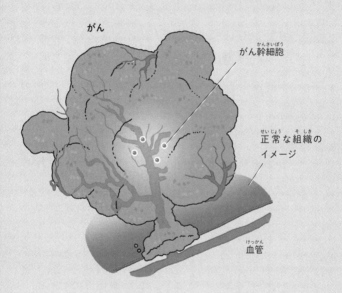

163

iPS細胞

　幹細胞と聞いて,「iPS細胞（人工多能性幹細胞）」のことを思い浮かべた人も多いのではないでしょうか。iPS細胞は, 京都大学の山中伸弥博士が, 2006年に誕生させた幹細胞です。

　ヒトの体の中にある幹細胞は, 一生にわたって分裂をつづけることができます。しかし, 分化する能力は限定的です。これに対してiPS細胞は, ヒトの体のあらゆる細胞に分化する能力をもち, いわゆる「万能細胞」ともよばれます。

　iPS細胞は, 分化が完了した体の細胞に, 人工的に遺伝子を導入して, 増殖と分化する能力を復活させた細胞です。当初は, 導入する遺伝子にがん化にかかわるものが含まれていたため, がん化の危険性が心配されました。しかしその後, がん化に

かかわる遺伝子を含まない, より安全な作成方法が開発されました。現在は, 失われた細胞や組織, 器官を取りもどす,「再生医療」への応用が進められています。

最強に面白い 人体と細胞

2人の出会い

1951年10月、2人の研究者が出会った

アメリカの分子生物学者のジェームズ・ワトソンとイギリスの科学者のフランシス・クリック

ワトソンは幼いころから成績優秀で生化学の博士号を取得

シュレーディンガーの著書『生命とは何か』を読んで遺伝子に興味を抱いた

一方のクリックはロンドンまで物理学を学んだ

イギリス海軍で機雷の研究に携わりその後関心が生物学に移った

興味が似ていた2人はすぐに意気投合。毎日話しつづけた

君たちを同じ部屋にするよ ほかの人の邪魔をせずに議論できるからね

SCIENCE COMIC NEWTON

2年間だけの共同研究

ワトソンとクリックが出会って1年半が経ったころ

2人はついにDNAの二重らせん構造を解明した

1953年4月25日、科学雑誌『ネイチャー』に2人の論文が掲載された

論文はわずか128行だったが大きな反響を巻きおこした

1962年、ノーベル賞の医学・生理学賞を共同受賞

2人が共同研究を行っていたのは約2年ほどのみ

論文発表からほどなくして別々の方向へ歩みだした

第4章

よそもの細胞, 常在菌

実は人体には, 外の環境から入ってきて, そのまま居着いている, よそもの細胞たちがいます。「常在菌」とよばれる, 無数の細菌です。第4章では, よそもの細胞の常在菌について, みていきましょう。

1 人体には，数十兆個もの細菌がすんでいる

生物の体につねに存在する「常在菌」

私たちの体には，多くの細菌たちが暮らしています。基本的に害をおよぼさず，生物の体につねに存在する細菌は，「常在菌」とよばれます。

人体にすむ常在菌は，数十兆個に達するといわれています。その種類は，平均200 ～ 300種類です。人体の細胞の数および種類がおよそ37兆個と300種類とされているので，それと同じくらいの数と種類の常在菌が，人体にすんでいることになります。

第4章 よそもの細胞,常在菌

腸は,常在菌の数や種類が最も多い場所

　172〜173ページのイラストは,私たちの体のどこに,どんな常在菌が暮らしているのかをあらわしたものです。**常在菌は,皮膚,口,消化管,性器など,体の中でも温かくて,水分や栄養分が豊富にある場所に多くいます。**腸は,常在菌の数や種類が最も多い場所です。

　一方,細菌が暮らしにくい強酸性の環境の胃には,常在菌は少ししかいません。そのかわり,ピロリ菌のような,ほかの場所にはいない特殊な細菌がいます。

細菌と聞くと,体に悪さをする印象があるかもしれないが,常在菌は病原体の侵入を防いだり,食物の消化を助けたりと,さまざまな方法で私たちの体を守ってくれているのだ。

1 人体の常在菌マップ

人体のどこに、どんな常在菌がすんでいるのかをあらわしました。常在菌が最も多いのは大腸、その次が口の中です。心臓と血管は、通常は無菌です。脳と脊髄にも、常在菌はいません。

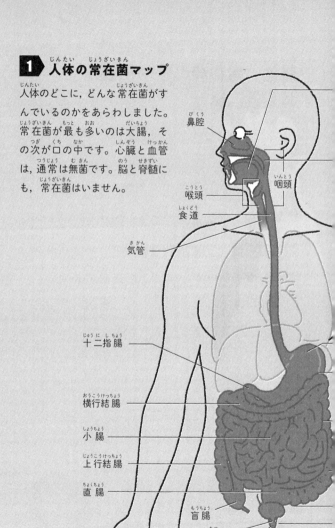

鼻腔
咽頭
喉頭
食道
気管
十二指腸
横行結腸
小腸
上行結腸
直腸
盲腸
膣
尿道

第4章 よそもの細胞, 常在菌

下行結腸

S状結腸

口
歯垢, 歯肉, 口蓋(口の天井), 舌, ほおの粘膜などに100億個程度の常在菌がいるといわれる。現在100種類ほどが確かめられている。

呼吸器系
鼻腔, 咽頭, 喉頭には, 「表皮ブドウ球菌」, コリネバクテリア属の細菌などの常在菌がいる。

皮膚
皮膚全体に, 常在菌は1兆個程度いて, 種類は約150種類ほど。最も多いのは, 「表皮ブドウ球菌」と「アクネ菌」。

胃
ピロリ菌は, 胃酸をさけられる粘膜の奥で暮らす。

腸
十二指腸, 小腸, 大腸(盲腸, 結腸, 直腸)に「腸内細菌」が生息。腸内細菌の数と種類は, 十二指腸から直腸へと進むにつれてふえていく。大腸での数は, 約1000種類, 数十兆個といわれる。

尿道・性器
尿道口に近い尿道, 女性ではそれに加え, 膣に常在菌が生息している。尿道に最も多い常在菌は, 「大腸菌」と「乳酸桿菌」。

2 病原菌をブロック！ 皮膚の常在菌が肌を弱酸性に

常在菌が，生息場所や栄養分を確保

　常在菌は，人体にさまざまな恩恵をもたらします。**最も大きなはたらきの一つは，外からやってくる病原菌から，人体を守ってくれるということです。**

　たとえば，皮膚や口の中など，病原菌がくっついてふえやすい場所には，すでに常在菌が定着しています。常在菌が，生息場所や栄養分を確保しているため，病原菌は定着しづらいのです。

第4章 よそもの細胞，常在菌

2 皮膚の常在菌

皮膚の常在菌が，病原菌の定着をくいとめるようすをえがきました。このようなことは，皮膚以外の場所でも行われています。

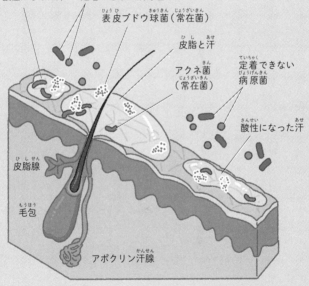

皮膚の常在菌は，結果的に，皮膚を病原菌から守ってくれているんだ！

弱酸性は，ほとんどの細菌にとって好ましくない

常在菌が栄養分を分解した結果，できてくる物質が，その場所を病原菌にとって居心地の悪い環境にすることもあります。

たとえば，皮膚の表面には，脂質を含む皮脂や汗が分泌されます。皮膚の常在菌がそれらを分解すると，脂肪酸などの酸性の物質ができます。この酸性の物質が，皮膚をpH5.5程度の弱酸性にします。この環境は，ほとんどの細菌にとって好ましい環境ではなく，病原菌は定着しづらいのです。この酸性の物質は，体臭のもとにもなります。

口の中には，歯についた食べかすを分解して，グルコース（ブドウ糖）などの単糖をつくりだす「ミュータンス菌」という常在菌がいるボウ。

第4章　よそもの細胞，常在菌

3 病原菌にアタック！　小腸の常在菌が免疫細胞と協力

「抗菌タンパク質」や「抗菌ペプチド」を分泌

　　常在菌の中には，積極的に病原菌を攻撃するものもいます。常在菌が病原菌を攻撃する「抗菌物質」を分泌したり，人体の細胞をうながして病原菌を攻撃する物質を分泌させたりするのです。

　　たとえば小腸では，腸内細菌が，「抗菌タンパク質」や「抗菌ペプチド」を分泌することがあります。ペプチドは，アミノ酸が数個から数十個つながったもので，タンパク質の断片のようなものです。

177

「B細胞」に,「抗体」を分泌させる

さらに小腸の腸内細菌は,小腸でタンパク質を分泌する「パネート細胞」に,抗菌ペプチドを分泌させます。パネート細胞は,さまざまなタンパク質を分泌する細胞です。また,小腸の粘膜下組織にある「リンパ小節」の樹状細胞が腸内細菌によって刺激をうけると,「B細胞」に病原菌

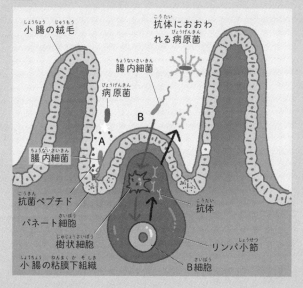

3 小腸の常在菌

第4章 よそもの細胞，常在菌

とくっつく「抗体」という分子をつくるようにう
ながします。そして，分泌された抗体が病原菌
を中和して排除します。リンパ小節は白血球が
集まるリンパ組織で，B細胞は白血球の一種で
す。このような常在菌のはたらきがなければ，
私たちは大量の病原菌に侵入されて，生きてい
くことができないかもしれません。

小腸の常在菌が，病原体を攻撃するようすをえがきました。こ
のようなことは，小腸以外の場所でも行われています。

A. 腸内細菌が，パネート細胞にくっつくと，パネート細胞か
ら抗菌ペプチドが分泌される。

B. 腸内細菌が，リンパ小節の「樹状細胞」を刺激すると，B
細胞から抗体が分泌される。樹状細胞は，血液中の単球が
組織に入って変化した細胞で，白血球の一種。

4 大腸の常在菌は，食物繊維の一部を分解してくれる

ヒトが吸収できる成分に

常在菌の役割の中でもう一つ重要なものが，食べ物の消化です。食物として口から入ってきた炭水化物，タンパク質，脂質などの栄養素は，ほとんどが小腸までに消化・吸収されています。大腸の腸内細菌は，小腸までに消化・吸収されなかった成分を分解します。とくに，ヒトが消化することのできない食物繊維の一部を分解して，ヒトが吸収できる成分にしてくれます。

消化されなかった食べ物は，便の約7％

消化された食べ物が大腸を進むのにかかる時間は，およそ15時間ほどだといわれています。

第4章 よそものの細胞，常在菌

4 大腸で便ができるまで

大腸で，便ができる過程をえがきました（1〜5）。右下の円グラフは，排泄される便の成分です。

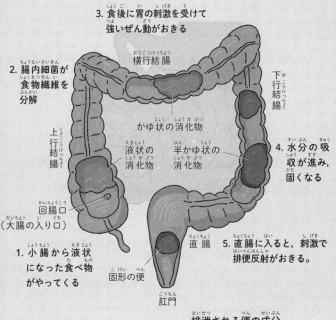

3. 食後に胃の刺激を受けて強いぜん動がおきる

横行結腸

2. 腸内細菌が食物繊維を分解

下行結腸

上行結腸

かゆ状の消化物

液状の消化物

半かゆ状の消化物

4. 水分の吸収が進み，固くなる

回腸口（大腸の入り口）

直腸

1. 小腸から液状になった食べ物がやってくる

固形の便

5. 直腸に入ると，刺激で排便反射がおきる。

肛門

排泄される便の成分

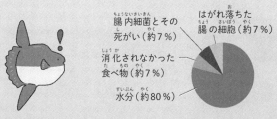

- 腸内細菌とその死がい（約7％）
- はがれ落ちた腸の細胞（約7％）
- 消化されなかった食べ物（約7％）
- 水分（約80％）

小腸を出て大腸に入ってきた直後はほぼ液状であるものの、少しずつ水分が吸収されていき、最後の領域である直腸に到達するころには、固形の便になります。

1日に排出される便は、平均で60～180グラム程度だといわれます。便は、その80％ほどが水分です。水分以外の固形分のうち、消化されなかった食べ物の残りかす（食物繊維）が占める割合は、便全体の約7％にすぎません。**残りは、大腸を進む過程で巻きこまれた腸内細菌やその死がい、腸の表面からはがれた細胞などです。**

食事が胃に入ると、その刺激によって横行結腸の中心あたりからはじまる強いぜん動運動がおき、内容物を直腸へと送りだす。朝食をとると、大腸の動きが活発になって便意をもよおすのは、このためなのだ。

第4章　よそもの細胞，常在菌

5 大腸の常在菌は，炭水化物を分解して大腸内を酸性に

大腸菌などは，ペプチドやアミノ酸を取りこむ

大腸の腸内細菌の中には，小腸で吸収されなかった炭水化物やタンパク質を食べて，エネルギーを得ているものもいます。

たとえば，大腸菌やクロストリジウム菌などの腸内細菌は，エネルギーをつくるためにアミノ酸やタンパク質，ペプチドを取りこんでいます。アミノ酸が百個以上つながったものがタンパク質，それ以下のものがペプチドです。

一方，ビフィズス菌や乳酸桿菌などの腸内細菌は，「オリゴ糖」などの炭水化物を分解して，乳酸や酢酸などをつくります。オリゴ糖は，グルコース（ブドウ糖）などの単糖が，3〜10個結合したものです。

183

大腸内が酸性であるほど,便の色は黄色に

大腸の腸内細菌がつくる乳酸や酢酸は酸なので,たくさんつくられるほど大腸内の環境は酸性になります。

大腸内の酸性度は,便の色にあらわれるため,

5 栄養を食べる大腸の腸内細菌

タンパク質やペプチドを取りこむ大腸の腸内細菌(A)と,炭水化物を分解して取りこむ大腸の腸内細菌(B)をえがきました。

A. タンパク質やペプチドを取りこむ大腸の腸内細菌

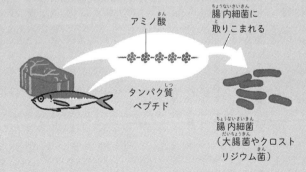

第4章 よそもの細胞，常在菌

簡単に知ることができます。便の色は，大腸内が酸性であるほど黄色に，アルカリ性であるほど黒っぽくなります。

乳酸や酢酸は，大腸の神経細胞にはたらきかけ，大腸のぜん動運動を活発にしているともいわれています。

B. 炭水化物を分解して取りこむ大腸の腸内細菌

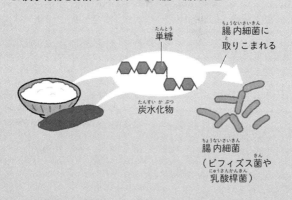

培養肉って何ですか？

博士，培養肉って何ですか？ ニュースで見ました。

ふむ。動物から取った細胞を，人工的にふやしてつくった肉のことじゃ。食糧不足や地球温暖化問題を解決するために，開発がつづけられておる。

おいしいんですか？

うむ。2013年にオランダで，牛の培養肉を使ったハンバーガーが，世界ではじめてつくられたんじゃ。試食会で食べた人は，普通のハンバーガーを食べているようだと話しておった。

へぇ〜。僕も，食べてみたい！

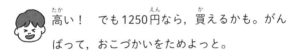2013年のハンバーガーは、1個約3300万円じゃった。値段が下がった今でも、1個1250円ぐらいするらしい。

高い！ でも1250円なら、買えるかも。がんばって、おこづかいをためよっと。

6　大腸の常在菌は，炎症もおさえてくれる

ウシのエネルギー源は，「短鎖脂肪酸」

　最近になって，腸内細菌の新しい役割が，次々と明らかになってきました。ここからは，それらのいくつかを紹介しましょう。

　ウシなどの草食動物は，生きるために必要なエネルギー源を，腸内細菌がつくる「短鎖脂肪酸」から得ています。短鎖脂肪酸とは，植物に含まれる「セルロース」などの多糖が分解されて，単糖よりもさらに小さな物質になったものです。多糖は，単糖が10個以上つながったものです。代表的な短鎖脂肪酸は，酢酸や酪酸などです。

第4章 よそもの細胞，常在菌

6 炎症をおさえる腸内細菌

炎症がおきた大腸炎の大腸（A）と，炎症がおさえられている大腸（B）をえがきました。

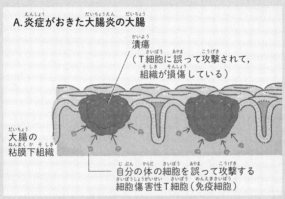

A. 炎症がおきた大腸炎の大腸

潰瘍
（T細胞に誤って攻撃されて，組織が損傷している）

大腸の粘膜下組織

自分の体の細胞を誤って攻撃する
細胞傷害性T細胞（免疫細胞）

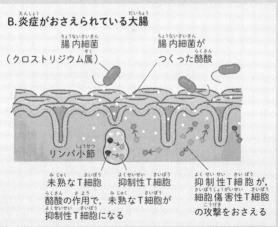

B. 炎症がおさえられている大腸

腸内細菌
（クロストリジウム属）

腸内細菌がつくった酪酸

リンパ小節

未熟なT細胞　　抑制性T細胞　　抑制性T細胞が，
酪酸の作用で，未熟なT細胞が　　　細胞傷害性T細胞
抑制性T細胞になる　　　　　　　　の攻撃をおさえる

189

酪酸が，炎症をおさえる細胞をふやす

　セルロースは，ヒトにとっては消化することのできない，食物繊維です。ヒトの大腸の腸内細菌も，セルロースなどの多糖を分解して，短鎖脂肪酸をつくります。ヒトはエネルギー源のほとんどを，グルコース（ブドウ糖）から得ており，短鎖脂肪酸は重要なエネルギー源ではありません。しかし短鎖脂肪酸の酪酸は，炎症をおさえる細胞を，ふやすはたらきがあります。**つまり大腸の腸内細菌は，酪酸をつくることで，大腸の炎症をおさえているのです。**

大腸炎とは，本来体に侵入した病原菌を攻撃する免疫細胞（T細胞など）に，大腸が誤って攻撃される病気だボウ。腸内細菌がつくる短鎖脂肪酸（酪酸）は，未熟なT細胞にはたらきかけ，誤った免疫反応や過剰な免疫反応をおさえるブレーキ役の「抑制性T細胞」になるようしむけるんだボウ（189ページのイラスト）。

第4章　よそもの細胞，常在菌

7 大腸の常在菌は，肥満もおさえてくれる

酢酸で，グルコースが取りこまれにくくなる

　短鎖脂肪酸の酢酸は，白色脂肪細胞の活動にも影響をおよぼします。白色脂肪細胞は，体の脂肪組織にある細胞で，脂肪の貯蔵庫の役割を果たしています。白色脂肪細胞が脂肪を蓄積して大きくなるほど，私たちも太って肥満になります。

　白色脂肪細胞は，ホルモンのインスリンが受容体に結合すると，細胞内にグルコースを取りこみ，グルコースや脂肪として蓄積します。しかし，酢酸が別の受容体に結合すると，細胞内にグルコースが取りこまれにくくなります。つまり酢酸は，脂肪細胞が脂肪を蓄積するのをさまたげ，肥満をおさえるようにはたらくのです。

191

腸内細菌がつくる酢酸は，効果が長くつづく

酢酸は，お酢から摂取できるものの，すぐに分解されてしまいます。一方，大腸の腸内細菌がつくる酢酸は，細菌から徐々に放出されるため，

1 白色脂肪細胞

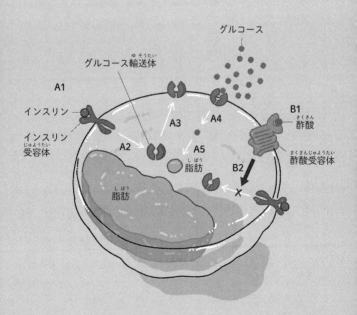

第4章　よそもの細胞，常在菌

効果が長くつづきます。

　短鎖脂肪酸にはこのほかにも，大腸のぜん動運動をうながしたり，大腸表面の細胞が水分や無機物を取りこむのをうながしたりするはたらきがあるといわれています。

白色脂肪細胞をえがきました。A1〜A5は，インスリンによって脂肪が蓄積される過程です。B1〜B2は，酢酸によって脂肪の蓄積がさまたげられる過程です。

インスリンが受容体に結合すると（A1），グルコース輸送体に情報が伝わり（A2），タンパク質が細胞膜上に移動します（A3）。グルコースは，この輸送体タンパク質を介して細胞内に取りこまれ（A4），グリコーゲンや脂肪にかえられます（A5）。
一方，酢酸が別の受容体に結合すると（B1），インスリン受容体からの情報が伝わりにくくなり，グルコース輸送体の細胞膜上への移動がおこらなくなります（B2）。

193

さくいん

A〜Z

α細胞（アルファさいぼう）・・・・・・・・97，98
B細胞（さいぼう）・・・・・・・・・・178，179
β細胞（ベータさいぼう）・・・・・・・97〜99
δ細胞（デルタさいぼう）・・・・・・・97〜99
iPS細胞・・・・・・・・・・・・・・・・164
T細胞（さいぼう）・・・・・・・・・・・189，190

あ

アイザック・ニュートン・・・・69

い

I型肺胞上皮細胞（いちがたはいほうじょうひさいぼう）・・・・・・85

か

角質細胞（かくしつさいぼう）・・・・・・・79，147
顆粒細胞（かりゅうさいぼう）・・・・・・・79，147
がん幹細胞（かんさいぼう）・・・・・・・161〜163
肝細胞（かんさいぼう）・・・・94〜96，159，160
幹細胞（かんさいぼう）・・・・・・144〜146，
　　　　155，156，161〜164
がん細胞（さいぼう）・・・・・・・・151，
　　　　155〜157，161〜163
杆状細胞（かんじょうさいぼう）・・・・・・・129，131
桿体細胞（かんたいさいぼう）・・・・・・・108〜111

き

起始細胞（きしさいぼう）・・・・・・・・・・・161
基底顆粒細胞（きていかりゅうさいぼう）・・・・・・・・・・93
基底細胞（きていさいぼう）・・・・・・・・・79，146

きゅう

吸収上皮細胞（きゅうしゅうじょうひさいぼう）・・・・・・・91〜93
筋線維（きんせんい）・・・・・・・・・17，118，119

く

クッパー細胞（さいぼう）・・・・・・・・・95

け

血管内皮細胞（けっかんないひさいぼう）・・・・・・・・17
血小板（けっしょうばん）・・・・124〜126，131
ケラチン・・・・・・・・・・・・・・・・・77

こ

骨格筋細胞（こっかくきんさいぼう）・・・・・・・118，119
骨芽細胞（こつがさいぼう）・・・・・・・・・122，123
骨細胞（こつさいぼう）・・・・・・・・・・121〜123

さ

細胞傷害性T細胞（さいぼうしょうがいせいさいぼう）・・・・・・・189
細網細胞（さいもうさいぼう）・・・・・・・・・・133，135

し

ジェームズ・ワトソン
　　　　・・・・・52，166，167
色素上皮細胞（しきそじょうひさいぼう）・・・・・・・・・・・111
支持細胞（ししさいぼう）・・・・・・・・・・・136
視神経細胞（ししんけいさいぼう）・・・・・・・・・・110
シナプス後細胞（こうさいぼう）・・・・・・・・・138
シナプス前細胞（ぜんさいぼう）・・・・・・・・・138
脂肪細胞（しぼうさいぼう）・・・・・・・78，142，191
脂肪摂取細胞（伊東細胞）（しぼうせっしゅさいぼう いとうさいぼう）
　　　　・・・・・・・・・・・・・95

194

しゅさいぼう
主細胞……………………89
じゅじょうさいぼう
樹状細胞………………178, 179
しんきんさいぼう
心筋細胞………………119, 120
しんけいさいぼう
神経細胞………16, 17, 66,
　　　67, 72, 75, 79, 114,
　　　136 ～ 139, 185

す

すいたいさいぼう
錐体細胞………………108 ～ 111

せ

せい そ さいぼう
精祖細胞………………104, 106
せっけっきゅう
赤血球………………17, 66,
　　　72, 75, 83, 85, 101,
　　　124, 125, 128 ～ 131
セルトリ細胞………………106
せん い が さいぼう
線維芽細胞………16, 75, 85
せんもうじょう ひ さいぼう
線毛上皮細胞………………81

そ

そうきょくさいぼう
双極細胞………………110
ぞうけつかんさいぼう
造血幹細胞………………126

た

あしさいぼう
たこ足細胞……………100, 101

て

テオドール・シュワン
　………………22, 23, 148, 149

と

どうぶつさいぼう
動物細胞………………28

な

ないぶんぴつさいぼう
内分泌細胞………………89

に

に がたはいほうじょう ひ さいぼう
II型肺胞上皮細胞……84, 85

ね

ねんまくじょう ひ さいぼう
粘膜上皮細胞………………75

は

はいさいぼう
杯細胞………………81, 93
はくしょく し ぼうさいぼう
白色脂肪細胞………………117,
　　　191 ～ 193
は こつさいぼう
破骨細胞………………122, 123
はっけっきゅう
白血球…………16, 124 ～ 126,
　　　129, 131, 135, 179
さいぼう
パネート細胞…93, 178, 179
ばんのうさいぼう
万能細胞………………164

ひ

ひょうそうねんえきさいぼう
表層粘液細胞…………89, 90
ひょう ひ さいぼう
表皮細胞………………17

ふ

フランシス・クリック
　………………52, 166, 167

へ

へいかつきんさいぼう　　へいかつきんせん い
平滑筋細胞（平滑筋線維）
　………………93, 119, 120
へきさいぼう
壁細胞………………88, 89

195

さくいん

ま

マクロファージ………64, 79, 85, 95, 129, 131, 133, 135

マティアス・シュライデン………22, 23, 148, 149

め

メルケル細胞…………76, 79

免疫細胞…………………132, 177, 189, 190

ゆ

有棘細胞……………79, 147

有毛細胞……………113, 114

よ

抑制性T細胞………189, 190

ら

ランゲルハンス細胞………79

ランゲルハンス島……97〜99

ランゲルハンス島細胞……75

卵胞上皮細胞………105, 107

卵母細胞………………105, 107

る

ルドルフ・フィルヒョー…22

ろ

ロバート・フック
…………11, 18〜20, 68, 69

ロバート・ブラウン
………………………21, 148

シリーズ第36弾!!

ニュートン超図解新書
最強に面白い
単位と法則

2025年1月発売予定　新書判・200ページ　990円(税込)

　単位は,「ものをはかったりくらべたりするときに基準となる量」のことです。私たちは単位を使うことで,はじめて長さや重さを正確にあらわすことができ,ほかの人と共有することができます。「長さ1.75」や「重さ68」では,長さも重さもわからないからです。

　一方,法則は,「一定の条件のもとで常に成り立つ関係」のことです。法則は自然界のルールのようなもので,数式や言葉であらわされます。法則を使えば,自然界でおきるさまざまな現象を説明したり予測したりすることができます。

　本書は,2021年5月に発売された,ニュートン式 超図解 最強に面白い!!『単位と法則』の新書版です。この世界を知るために欠かせない単位と法則を"最強に"面白く紹介します。どうぞご期待ください!

余分な知識満載だカモノ!

主な内容

七つの基本単位

自然界の量は，七つの基本単位であらわせる

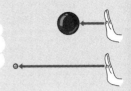

基本単位からなる組立単位

ヘルツ，ジュール，ボルト，ワット，オーム，ほか

力と波の法則

落体の法則，慣性の法則，運動量保存の法則，波の反射と屈折の法則，ほか

電気と磁気，エネルギーの法則

オームの法則，ジュールの法則，アンペールの法則，エネルギー保存則，ほか

相対論と量子論，宇宙の法則

相対性原理，不確定性原理，ケプラーの法則，質量とエネルギーの等価性，ほか

Staff

Editorial Management	中村真哉
Editorial Staff	道地恵介
Cover Design	岩本陽一
Design Format	村岡志津加（Studio Zucca）

Illustration

表紙カバー	羽田野乃花さんのイラストを元に佐藤蘭名が作成
表紙	羽田野乃花さんのイラストを元に佐藤蘭名が作成
11〜19	羽田野乃花
23	小﨑哲太郎さんのイラストを元に羽田野乃花が作成
24〜87	羽田野乃花
89	荻野瑶海さんのイラストを元に羽田野乃花が作成
93〜95	羽田野乃花
98	羽田野乃花（①）
101〜153	羽田野乃花
157	羽田野乃花（②）
159〜167	羽田野乃花
172〜192	羽田野乃花

①：BodyParts3D, Copyright 2008 ライフサイエンス統合データベースセンター　licensed by CC表示－継承2.1 日本" http://lifesciencedb.jp/bp3d/info/license/index.html

②：PDB ID: 3DU6 を元に ePMV［Johnson, G.T. and Autin, L., Goodsell, D.S., Sanner, M.F., Olson, A.J. (2011). ePMV Embeds Molecular Modeling into Professional Animation Software Environments. Structure 19, 293-303）と MSMS molecular surface (Sanner, M.F., Spehner, J.-C., and Olson, A.J. (1996) Reduced surface: an efficient way to compute molecular surfaces. Biopolymers, Vol.38, (3),305-320］を使用して作成

監修（敬称略）：
　田沼靖一（東京理科大学名誉教授）

本書は主に、Newton 別冊『ゼロからわかる 細胞と人体』の一部記事を抜粋し、大幅に加筆・再編集したものです。

ニュートン超図解新書
最強に面白い 人体と細胞

2025年1月10日発行

発行人	松田洋太郎
編集人	中村真哉
発行所	株式会社 ニュートンプレス　〒112-0012 東京都文京区大塚3-11-6
	https://www.newtonpress.co.jp/
	電話 03-5940-2451

© Newton Press 2024
ISBN978-4-315-52879-4